U0313623

坐标法

《数学中的小问题大定理》丛书（第五辑）

方运加　编译

◎ 直线上的点的坐标

◎ 几何图像的方程

◎ 直线的方程

◎ 坐标法——解决几何问题的工具

◎ 坐标法的一些应用

◎ 极坐标

◎ 用方程来定义图像的例子

HITP

哈爾濱工業大學出版社
HARBIN INSTITUTE OF TECHNOLOGY PRESS

内容简介

作者以通俗易懂的语言阐述了坐标的概念，从一些简单的几何问题入手，讲述了利用坐标法分析问题与解决问题的基本方法，对比了坐标法、代数方法与几何方法在解题思路、方法的不同特点. 在介绍一些基础性的以及若干较复杂但饶有趣味的问题在应用坐标法解题的过程中，使读者清楚地看到坐标概念是代数学与几何学结合的桥梁与一个学科分支——解析几何学——的产生和发展的必然性，并了解它成为强有力的数学工具的基本内涵.

本书是读者学习解析几何以及高等数学的一本启蒙书，它无论在学习与掌握坐标法还是在建立新的数学观念方面，以及对中学生的数学素养的提高，都会起到良好的作用. 本书对大学、专科学校学生也有参考价值.

图书在版编目(CIP)数据

坐标法/方运加编译. —哈尔滨：哈尔滨工业大学出版社，2013.12

ISBN 978-7-5603-4532-1

Ⅰ.①坐… Ⅱ.①方… Ⅲ.①坐标-普及读物 Ⅳ.①O182-49

中国版本图书馆 CIP 数据核字(2013)第 300134 号

策划编辑 刘培杰 张永芹
责任编辑 张永芹 齐新宇
封面设计 孙茵艾
出版发行 哈尔滨工业大学出版社
社 址 哈尔滨市南岗区复华四道街 10 号 邮编 150006
传 真 0451-86414749
网 址 http://hitpress.hit.edu.cn
印 刷 哈尔滨工业大学印刷厂
开 本 787mm×960mm 1/16 印张 5 字数 65 千字
版 次 2013 年 12 月第 1 版 2013 年 12 月第 1 次印刷
书 号 ISBN 978-7-5603-4532-1
定 价 28.00 元

◎前言

将代数学应用到几何图像的各种性质的研究在几何学的发展中起着重要的作用，并逐渐发展成为一个独立的学科分支——解析几何学. 解析几何学的产生是与它的基本方法的发现紧密相关的，这个基本方法就是坐标法.

所谓一个点的坐标，就是用来确定该点在一条已知直线上、在一个已知平面上或是在某个空间中的位置的一组数值. 如果我们知道地球表面上的点的地理坐标——经度和纬度，那么这个点在地球上的位置就被确定了.

为了得到一个点的坐标，必须先选择好度量的基准，然后据此进行测量. 对于地理坐标的情况，赤道和零度经度线就是度量的基准.

如果给定了度量的基准，并且指出了求得一个点的坐标的方法，则我们说一个坐标系统已经建立.

用方程来定义几何图像是坐标法的一个特有的性质,并用代数的工具来进行几何研究和解决几何问题.

将代数特色引入几何研究中,坐标法将代数学的最重要的特点——解决问题的方法的通用性——传输给几何学.在算术和初等几何中,通常人们为解决每一个问题去寻找一个特殊的解决方法,而在代数与解析几何中,则是对所有的问题建立通用的方法,使得它们能够容易地应用于任何一个问题.可以说,解析几何相对于初等几何所处的地位,就像代数学相对于算术那样处于同样的地位.坐标法的基本重要性在于,为了求解问题,将代数的许多方法传输给几何学,因而有了更普遍的方法.然而,必须敬告读者,不要完全拒绝使用初等几何学的方法,因为在一些场合,它能够帮助我们获得更好的解法,它比用坐标法得到的解法更简捷.坐标法的另一个显著的特征是:应用它使我们不需要将复杂空间的形状用图形表示出来.

在坐标概念的实际应用中,当作一个点来看待的物体的坐标只能近似地给出.一个物体的给定的坐标,它的含义是:由这些坐标描述的这个点,或者对应于这个物体中的某个点,或者它充分靠近这个物体.

由于本书的性质及篇幅的限制,使得我们只能讲述坐标法的基本知识和它的最简单的应用.我们将很注重用方程来描述几何图像的问题,它对于初学者来说会有许多困难.这个问题将通过广泛地求解问题来加以阐述.

◎ 目录

直线上的点的坐标

第1章

引进坐标的最简单的情形是在一条直线上确定一个点的位置.我们就从这种情形开始讲述坐标法.

我们在一条直线上任取两个不同的点 O 和点 E(如图1),并令线段 OE 的长度为单位长①.

O　　E

图1

我们认为,直线 OE 上的每一个点都对应于一个数,它被称为给定点的坐标,并由下述方法确定:直线 OE 上的点 P,如果它与点 E 在点 O 的同

① 点 O 和点 E 可以选择使得线段 OE 的长度等于已知的单位长度的点,例如1 cm.

侧,那么它的坐标就是正数并且等于线段 OP 的长度;如果它与点 E 在点 O 的异侧,则它的坐标就是负数,它的绝对值等于线段 OP 的长度;点 O 的坐标等于零.

如果这些规则被满足,则我们称直线 OE 为数轴或坐标轴,点 O 称为坐标原点. 数轴上坐标为正的点的部分称为它的正的部分,或简称正轴;数轴上坐标为负的点的部分称为它的负的部分,或简称负轴.

在已知数轴上的每个点都有确定的坐标;在同一数轴上的不同的两个点,它们的坐标是不同的. 另一方面,每个实数是已知数轴上一个确定的点的坐标. 例如,点 E 的坐标是 $+1$,而 -1 是点 E 关于点 O 的对称点的坐标. 符号 $E(1)$,$A(-2\frac{1}{3})$,$B(x)$,$C(x_1)$,$D(x_2)$,… 的含义是数值 1,$-2\frac{1}{3}$,x,x_1,x_2 分别是点 E,A,B,C,D 的坐标.

沿着数轴从点 O 指向点 E 的方向称为数轴方向,它通常用一个箭头表示(图 1).

平面上的点的坐标

第2章

在已知平面上,我们作两个互相垂直的数轴,使得它们的交点为坐标原点 O(图 2),我们分别称 Ox 轴,Oy 轴为 x 轴和 y 轴,它们所在的平面称为 xOy 平面[①]. 我们认为,两坐标轴上的长度单位是一样的.

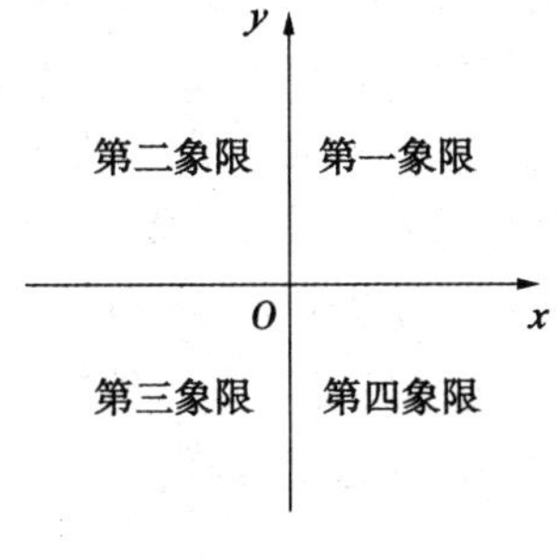

图 2

① Ox 轴,Oy 轴也同样称为坐标轴.

坐标轴 Ox 和 Oy 将平面 xOy 分为四个象限，按照坐标轴的方向，按顺序给每个象限一个名称(如图2).

现在，我们考虑在 xOy 平面上任意一点 P，从这个点分别到 Ox 轴和 Oy 轴引垂线得到垂足 P_x 和 P_y，即它在这两个数轴上的正投影(图3). 我们用 x 表示 Ox 轴上点 P_x 的坐标，用 y 表示 Oy 轴上点 P_y 的坐标，数值 x 和 y 称为点 P 的坐标，并用符号 $P(x,y)$ 记之，这样的坐标称为笛卡儿直角坐标[①].

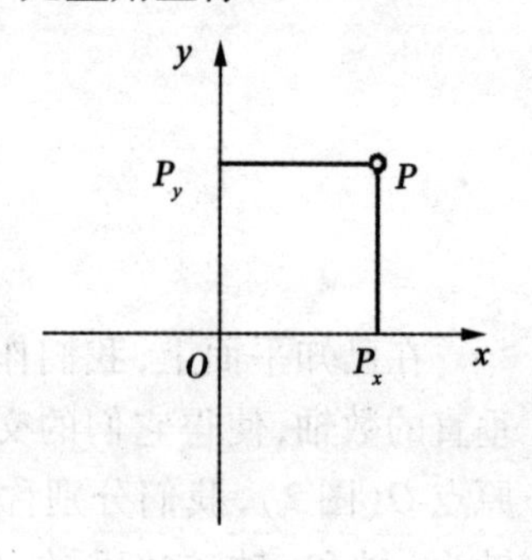

图3

因此，平面上一点 P 的坐标的确定问题就转化为两个点(P_x 和 P_y) 在数轴上坐标的确定问题.

点 P_x 的坐标 x 称为点 P 的横坐标，点 P_y 的坐标 y 称为点 P 的纵坐标. 如果点 P 在 Ox 轴上，则它的纵坐标等于零；如果点 P 在 Oy 轴上，则它的横坐标等于零. 点 O 的横坐标与纵坐标都等于零.

图4 中表示的是一个点根据它在象限中的位置确定坐标的符号，左边的是横坐标的符号，右边的是纵坐标的符号.

---

① 用17世纪著名的哲学家、数学家雷尼·笛卡儿的名字命名.

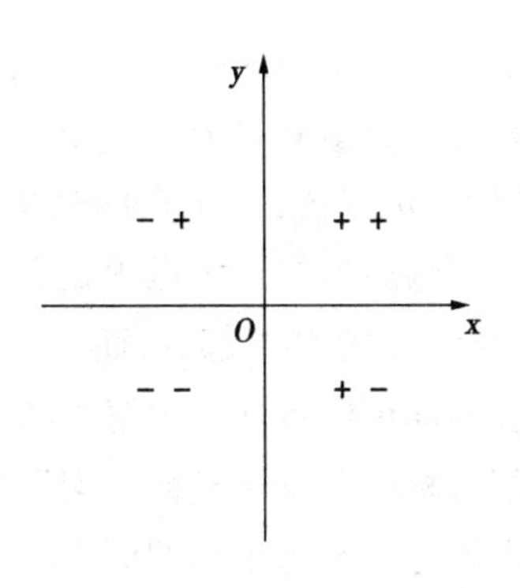

图4

现在,我们来看看点P,如果它的坐标x,y为已知,如何来确定它的位置.我们根据它的横坐标在Ox轴上作点P_x,根据纵坐标在Oy轴上作点P_y(见图5);从点P_x作Ox轴的垂线,从点P_y作Oy轴的垂线,它们的交点就是所要求的点P.

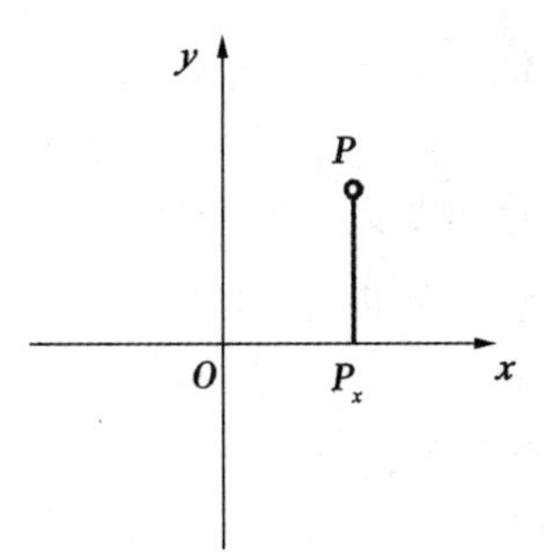

图5

上面的作法可按下述方式修改(参阅图5):我们先确定点P_x,然后经它作Ox轴的垂线,并在垂线上截取线段P_xP使得它的长度等于坐标y的绝对值,如果

$y>0$,则从点 P_x 向上截取;如果 $y<0$,则向下方截取[①];如果 $y=0$,点 P 就和点 P_x 重合.

从基本结构上可以说,一个点的坐标指示了从原点到给定点的一条路径:知道了点 P 的横坐标 x,我们就可以找到这条路径的 OP_x 部分,而当知道了点 P 的纵坐标 y 时,我们就可以找到它的第二部分 P_xP.

顺便说说,坐标的概念不是数学家发现的,它来源于实际,当数学家还不知道坐标的概念的时候,坐标系统的原始形态已为人们所使用. 例如,诗人涅克拉索夫的一首诗《谁在俄国生活好》中,记得有这么一段:

顺着大路往前走,
　直到第三十个路碑.
转向森林,
　再走一俄里[②].
在那儿,
　一块平坦的草地上,
　两棵老松如伴侣.
　松树下面,
埋藏着一个箱子,
　请你把它打开……

① 更精确地说,当 $y>0$ 时,点 P 和 Oy 轴的正的部分必须在 Ox 轴的同一侧;当 $y<0$ 时,则在另一侧. Ox 轴的正的部分是在它的负的部分的右侧,Oy 轴的正的部分是在它的负的部分的上面. 以后我们就不再详细地描述了.

② 1 俄里 ≈ 1.066 8 千米. —— 编校注

如图 6 所示，这里 30 和 1 就是草地的坐标（这里意指所论事物的坐标）. 单位：俄里.

图 6

基本问题

第3章

求解一个复杂的问题常常可以归结为求解许多简单的问题. 这些问题中的一些是经常遇到的而且是极其简单的,我们称之为基本问题. 在这一章中,我们考虑两个几何问题:确定两个点之间的距离和求已知顶点的一个三角形的面积. 由于在解析几何中,一个点是由它的坐标来定义的,已知问题的求解就变为寻找一个由给定点的坐标构成的公式,由这个公式来计算所求的量.

问题1 求已知两点间的距离.

令点 $A(x_1,y_1)$ 与点 $B(x_2,y_2)$ 为 xOy 平面上的两个已知点. 我们从这两点向 Ox 轴作垂线 AA_x 和 BB_x,向 Oy 轴作垂线 AA_y 和 BB_x(图7). 用 d 表示线段 AB 的长度.

令直线 AA_y 和 BB_x 的交点为点 C. 由于 $\triangle ABC$ 为直角三角形,因此我们有

$$d = AB = \sqrt{AC^2 + CB^2} \tag{1}$$

注意到

$$OA_x = x_1, OB_x = x_2, OA_y = y_1, OB_y = y_2$$
$$AC = A_xB_x = OB_x - OA_x = x_2 - x_1$$
$$CB = A_yB_y = OB_y - OA_y = y_2 - y_1$$

由式(1),我们得到

$$d = \sqrt{(x_2 - x_1)^2 + (y_2 - y_1)^2} \tag{2}$$

可以证明,这个公式对于点 A 和点 B 的任意位置都是正确的.

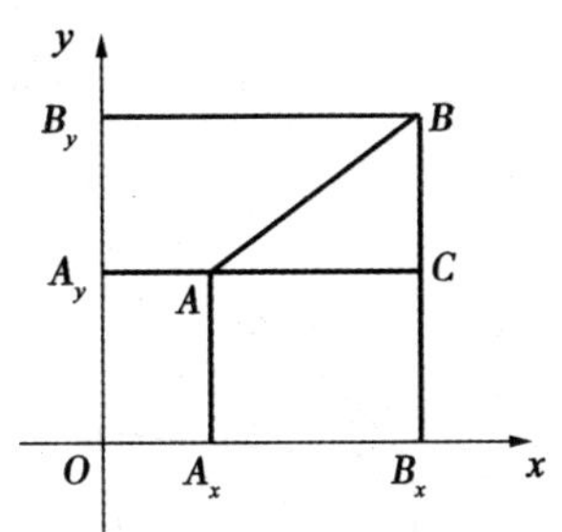

图7

问题2　由三角形顶点的坐标确定三角形面积.

令点 $A(x_1, y_1)$, $B(x_2, y_2)$, $C(x_3, y_3)$ 为三角形的三个顶点. 我们从这些点向 Ox 轴作垂线 AA_1, BB_1, CC_1(图8). 显然, $\triangle ABC$ 的面积 S 可以由梯形 AA_1B_1B 的面积 $S_{AA_1B_1B}$, 梯形 AA_1C_1C 的面积 $S_{AA_1C_1C}$, 梯形 CC_1B_1B 的面积 $S_{CC_1B_1B}$ 表示出来,即

$$S = S_{AA_1C_1C} + S_{CC_1B_1B} - S_{AA_1B_1B}$$

由于

$$AA_1 = y_1, BB_1 = y_2, CC_1 = y_3$$
$$A_1B_1 = x_2 - x_1, A_1C_1 = x_3 - x_1, C_1B_1 = x_2 - x_3$$

我们有

$$S_{AA_1C_1C}=\frac{1}{2}(y_1+y_3)(x_3-x_1)$$

$$S_{CC_1B_1B}=\frac{1}{2}(y_2+y_3)(x_2-x_3)$$

$$S_{AA_1B_1B}=\frac{1}{2}(y_1+y_2)(x_2-x_1)$$

因而

$$S=\frac{1}{2}[(y_1+y_3)(x_3-x_1)+(y_2+y_3)(x_2-x_3)-(y_1+y_2)(x_2-x_1)]$$

经过化简,我们得到

$$S=\frac{1}{2}[x_1(y_2-y_3)+x_2(y_3-y_1)+x_3(y_1-y_2)] \tag{3}$$

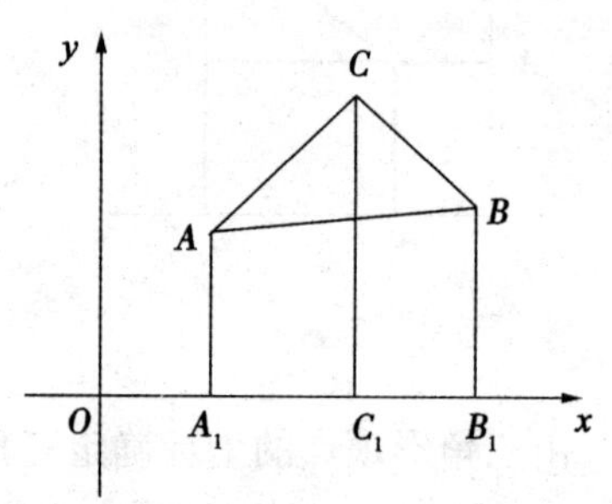

图 8

我们可以看出,虽然上面的公式的推导并不是显然的,但公式(3)除符号外对于三角形的顶点的任何位置都是正确的①.

---

① 即由公式(3)计算的 S 值可以是负的,但它的绝对值等于三角形的面积的量值.

几何图像的方程

第4章

我们选择一个平面上的许多点，这些点可以是有限多个或是无限多个.这些挑选出来的点形成一个平面几何图像.如果我们能够对这些由我们选择的点进行识别，那么这个图像可以说已经有了定义.例如，这些选择的点是用铅笔或墨水由圆规画出来的圆或由直尺画出来的直线①.我们也可以用轨迹来定义被选择的点，将平面上的圆定义为点的几何轨迹，这些点与已知点的距离为恒定.为了这个目的，接下来我们叙述一个在解析几何中使用的基本方法.

① 严格地说，在纸上画出的不是点，但可以认为是我们感兴趣的被选择的那些点.

我们在平面上作笛卡儿直角坐标系的 Ox 轴与 Oy 轴. 然后给出一个含有两个量 x 和 y 的方程,这个方程也可以只含两个量中的一个[①]. 只有坐标 x 和 y 都满足这个方程的点,才是被选择的点,这样被选择的点形成一个图像. 给定的方程称为图像的方程.

因此,在解析几何学中,方程是很重要的,它就像一个“筛子”,筛掉我们不需要的点,保留我们感兴趣的构成图像的点.

在一个图像的方程中,量 x 和 y 称为变量. 因为,一般说来,它们是随图像中的点的变化而变化的(如果图像包含两个以上的点). 在图像的方程中,除变量 x 和 y 外,还可以含有常量,它们中的某些或全部都可以用字母表示.

含有变量 x 和 y 的方程的一般形式是

$$f(x,y)=0 \tag{4}$$

这里 $f(x,y)$ 是一种数学的表示方法,它含有量 x 和 y,或至少包含它们中的一个[②].

根据上述,我们将认为,方程(4) 定义了某一图像为点的集合,这些点的坐标在笛卡儿直角坐标系下满足这个方程.

从解析几何的基本观点,我们不难得到下面的结论:如果给定的点 P 的坐标满足方程(4),则它就属于

---

① 在代数学中,这样的方程称为含有两个未知量的方程(或只含一个未知量,如果在方程中只含有 x 和 y 中的一个).

② $f(x,y)$ 读作“x,y 的函数 f”. f 也可以用其他字母 F,φ 来代替,写成 $F(x,y),\varphi(x,y)$,等等. 例如,$y-x,x^2+y^2-4,x\sin y,\frac{x+y}{x-y}$ 等式子.

由方程(4) 定义的图像 F,否则点 P 就不属于图像 F.

我们来考察几个例子.

例1　方程

$$y - x = 0$$

或者换句话说

$$y = x \tag{5}$$

定义了一条直线,这条直线是坐标轴的正的部分形成的夹角的平分线(图9).

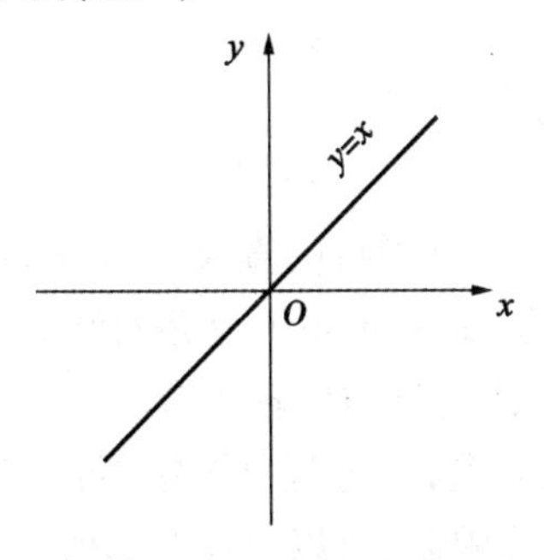

图9

实际上,在这条直线上的点 $P(x,y)$ 与两坐标轴是等距的,如果该点在第一象限的话,它到坐标轴 Ox 和 Oy 的距离分别等于 x 和 y. 如果该点在第三象限,则距离就分别等于 $-x$ 和 $-y$. 对于这两种情形,点 P 的坐标满足方程(5). 反之,不在上述直线上的点,它的坐标就不会彼此相等.

类似的,方程

$$y = -x$$

定义一条直线,它是坐标轴的正的部分所成的角的邻角的平分线(图10).

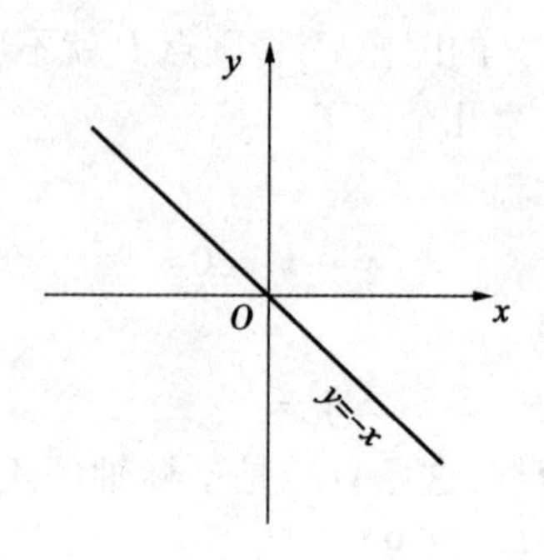

图 10

例 2 方程

$$y = b \tag{6}$$

定义了一条与 Ox 轴平行的直线. 如果 $b > 0$,这条直线在 Ox 轴的上方;如果 $b < 0$,这条直线就在 Ox 轴的下方;如果 $b = 0$,则它与 Ox 轴重合.

需要注意的是,在方程(6) 中不含变量 x,这也就是说 x 的值不受限制,可以取任意的值.

让我们来进一步考虑当 $b = 0$ 时的情形,也就是方程

$$y = 0 \tag{7}$$

这个方程说明,我们在平面上所选择的那些点仅仅是与 Ox 轴的距离等于零的点,也就是 Ox 轴上的点. 因而,方程(7) 定义了 Ox 轴.

例 3 方程

$$x = a$$

定义了一条平行于 Oy 轴的直线. 如果 $a = 0$,这条直线与 Oy 轴重合.

例 4 如图 11 所示,令点 $M(a,b)$ 是半径为 r 的圆的圆心,我们取圆上任意一点 $P(x,y)$,由于线段 MP

的长度等于 r,由公式(2),我们得

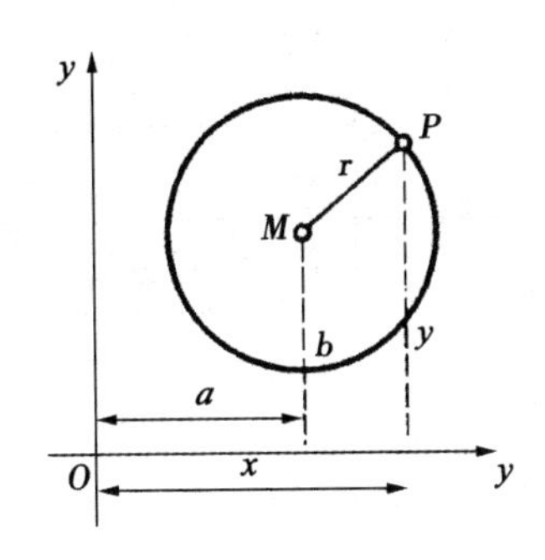

图 11

$$r = \sqrt{(x-a)^2 + (y-b)^2}$$

即

$$(x-a)^2 + (y-b)^2 = r^2 \tag{8}$$

因而,方程(8) 是半径为 r 的圆的方程,坐标为(a,b)的点是圆的圆心. 特别的,当圆的圆心和坐标原点相重合时,则有 $a = b = 0$,方程(8) 就变为

$$x^2 + y^2 = r^2$$

例如,我们考虑方程

$$x^2 + y^2 = 25 \tag{9}$$

它可以写成

$$y = \pm\sqrt{25 - x^2} \tag{10}$$

的形式.

让我们来找一些点,它们的坐标满足方程(10) 并把它们标出来. 首先,我们来看表1. 表1 左边的一列是 x 的任选的值,右边一列是由公式(10) 计算出来的相应的 y 值.

表 1

x	y
0	±5
±1	$\pm\sqrt{24}\approx\pm4.9$
±2	$\pm\sqrt{21}\approx\pm4.6$
±3	±4
±4	±3
±5	0

表 1 中给出的是由方程(9) 所定义的圆上的一些点的坐标. 这些点被标在图 12 中. 如果我们取变量 x 的值不仅仅是整数(也可以是分数),例如 ±0.1, ±0.2,…,则我们可以得到更多的圆上的点.

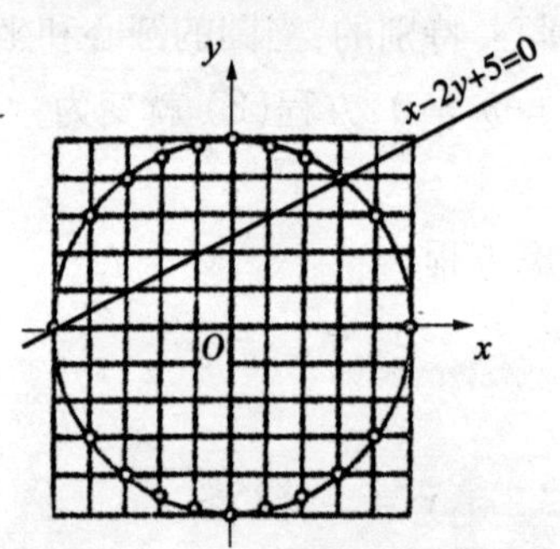

图 12

我们可以看到,平面上任意一点的横纵坐标都是实数. 因而,在这个例子中,如果 $x<-5$ 或 $x>+5$,则求出的 y 就没有对应的点,因为在这种情形,y 是虚数.

第5章 直线的方程

现在,我们考虑一个一次方程,它含有两个变量 x 和 y 或两者之一. 显然,经化简后,那样的方程可以写成

$$Ax + By + C = 0 \tag{11}$$

的形式,这里 A,B,C 为常数,并且 A,B 中至少有一个不等于零. 为确定起见,我们假定 $A \neq 0$.

我们来证明,方程(11) 表示一条直线. 我们把一个显然的事实作为证明的基础,这个事实就是:三角形的面积当且仅当它的所有顶点都落在同一条直线上时为零.

我们给变量 y 以两个不同的值 y_1 和 y_2,从方程(11) 可以求得 x 的对应

的值 x_1 和 x_2,这是因为在方程(11)中,x 的系数不等于零. 点 $L(x_1,y_1)$ 和 $M(x_2,y_2)$ 属于图像(11)[①]. 由于 $y_1 \neq y_2$,它们是不同的点. 我们考虑另外一个任意的点 $N(x_3,y_3)$. 在表示式 $Ax+By+C$ 中分别代入点 L,M,N 的坐标,并计算它们的值,我们得到三个等式

$$Ax_1+By_1+C=0$$

$$Ax_2+By_2+C=0$$

$$Ax_3+By_3+C=a$$

由于点 L 和 M 的坐标满足方程(11),所以前两个等式的右端为零. 第三个等式的右端我们用数 a 来表示,如果点 N 属于图像(11),数 a 就等于零,否则 a 就不等于零.

我们用 (y_2-y_3) 乘第一个等式的两边,用 (y_3-y_1) 乘第二个等式的两边,用 (y_1-y_2) 乘第三个等式的两边,并把得到的方程相加. 于是,我们得到下面的关系式

$$2A\cdot S+B(y_1y_2-y_1y_3+y_2y_3-y_1y_2+y_1y_3-y_2y_3)+C(y_2-y_3+y_3-y_1+y_1-y_2)=a(y_1-y_2)$$

从公式(3),A 的系数等于 $2S$,S 为 $\triangle LMN$ 的面积.

上式经化简后,我们得到

$$2A\cdot S=a(y_1-y_2) \tag{12}$$

并且前面已经说过,$A\neq 0$,$y_1-y_2\neq 0$.

如果点 N 属于图像(11),则 $a=0$,此时,由方程

---

① 我们常简单地用"图像 $f(x,y)=0$"来代替"由方程 $f(x,y)=0$ 定义的图像",甚至更简单地用定义给定图像的方程的号码来代替方程所定义的图像.

(12) 可知 $S=0$. 因而,点 N 落在直线 LM 上. 现在,我们假定点 N 是直线 LM 上任意一点,那么 $S=0$. 对于这种情形,从方程(12),亦应有 $a=0$. 因而点 N 属于图像(11).

因此,在图像(11) 上的每一个点都落在直线 LM 上,并且直线 LM 上的点都属于图像(11). 这样就证明了方程(11) 定义了一条直线.

现在,反过来,我们要证明,任何一条直线的方程都可以写成方程(11) 的形式. 令点 $P(x_1,y_1)$ 与 $Q(x_2,y_2)$ 为已给直线上的两个点,方程

$$(x-x_1)(y_2-y_1)-(y-y_1)(x_2-x_1)=0 \tag{13}$$

是一次的,因而它定义了一条直线. 这条直线就是 PQ,因为点 P,Q 的坐标满足方程(13).

由上可知,要作出由一个一次方程所定义的图像并不困难,因为上面已经证明这样的图像是一条直线,只要找到直线上的两个点,并把它们标出来,再通过这两点画一条直线就行了. 例如,考虑方程

$$x+y=5 \tag{14}$$

容易看到,点 $P(5,0)$ 与点 $Q(0,5)$ 属于直线(14),它的图像如图 13 所示.

我们再看一个例子,令方程为

$$y=3 \tag{15}$$

我们给变量 x 以两个任意的值,例如,$x=-1$ 和 $x=2$. 对于这两种情形,都有 $y=3$. 因而,点 $P(-1,3)$ 和 $Q(2,3)$ 在直线(15) 上. 直线(15) 平行于 Ox 轴是可以

预见的,因为方程(15)是方程 $y = b$ 的特殊情形(参见第4章,例2).

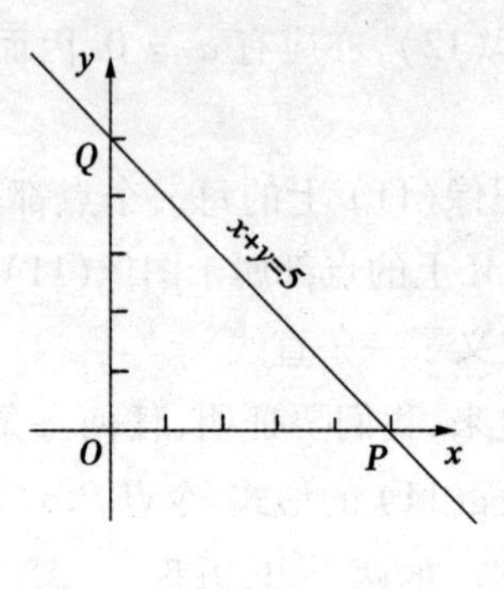

图 13

坐标法——解决几何问题的工具

第6章

我们来考虑三个问题的求解以说明坐标法的应用,这三个问题中的每一个都要求作一个圆,从解析几何的角度来说,就是等价于写出所要求的圆的方程,或者是找出它的圆心的坐标以及确定圆的半径.

我们将给出每一个问题的两种解法,第一种是用坐标法,第二种是以初等几何为工具.第一种解法遵从一般的模式,其思想也很类似.第二种共性较少,而是基于不同定理的应用.坐标法的应用大大地简化了寻求解决问题的途径,即使对于某些特殊的例子,这种方法也是很重要的.

问题1 经过三点$A(1,1)$,$B(4,0)$,$C(5,1)$作一个圆.

第一种解法:

所求的圆的方程可以写成下面的形式

$$(x-a)^2+(y-b)^2=r^2 \tag{16}$$

(参见公式(8)).

由于点A,B,C在所求的圆上,所以它们的坐标满足方程(16). 将它们的坐标逐个代入这个方程,我们得到等式

$$(1-a)^2+(1-b)^2=r^2$$
$$(4-a)^2+b^2=r^2$$
$$(5-a)^2+(1-b)^2=r^2$$

因而可求得$a=3$,$b=2$,$r=\sqrt{5}$. 即所求的圆由方程

$$(x-3)^2+(y-2)^2=5$$

定义.

第二种解法:

我们作线段AB和BC的中垂线①,它们的交点就是所求圆的圆心.

问题2 过点$A(4,1)$和点$B(11,8)$作一个圆,使得它与Ox轴相切.

第一种解法:

显然,所求的圆在Ox轴的上方,因为它与Ox轴相切,所以圆心的纵坐标等于半径,即$b=r$. 于是,所求圆的方程成为

---

① 一条线段的中垂线是经过该线段的中点并且和该线段垂直的直线.

$$(x-a)^2+(y-r)^2=r^2$$

或

$$(x-a)^2+y^2-2ry=0$$

将点 A,B 的坐标代入这个方程,我们得到

$$(4-a)^2+1-2r=0$$

$$(11-a)^2+64-16r=0$$

因而,$\begin{cases}a_1=7\\b_1=r_1=5\end{cases}$,$\begin{cases}a_2=-1\\b_2=r_2=13\end{cases}$. 所以,存在两个圆

$$(x-7)^2+(y-5)^2=25$$

和

$$(x+1)^2+(y-13)^2=169$$

满足问题的条件(图 14).

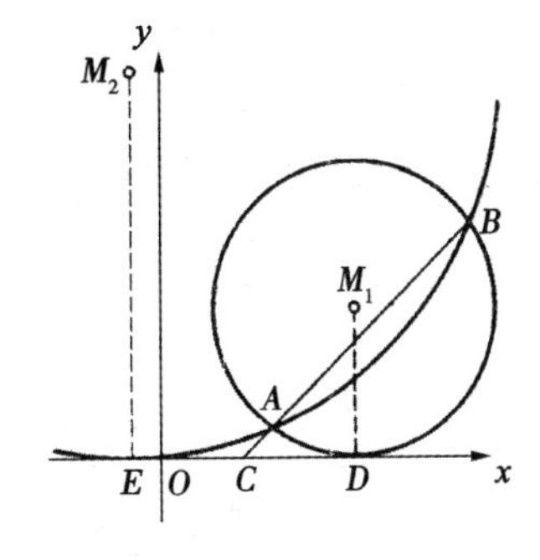

图 14

第二种解法:

我们作直线 AB,它与 Ox 轴的交点记为点 C. 我们在点 C 沿 Ox 轴的两侧截取线段 CD 和 CE,它们的长度都等于线段 CA 和 CB 的比例中项(几何平均值),见图 14.

过点 A,B,D 的圆就满足问题的条件. 实际上,线

段 CD 是圆的切线,因为它是割线 CB 与割线 CB 的圆外的部分 CA 的比例中项.类似的,过点 A,B,E 的圆也满足问题的条件.

问题3 求作一个圆,它过点 $A(2,1)$ 并与两坐标轴相切.

第一种解法:

显然,所求的圆落在第一象限.由于它和 Ox 轴、Oy 轴相切,因而它的中心的坐标等于它的半径,即 $a=b=r$.所以,所求的圆的方程有以下的形式

$$(x-r)^2+(y-r)^2=r^2$$

将点 A 的坐标代入方程,得到

$$(2-r)^2+(1-r)^2=r^2$$

经过化简后,得到

$$r^2-6r+5=0$$

解得 $r_1=1,r_2=5$.于是,我们得到两个满足问题条件的圆(图 15)

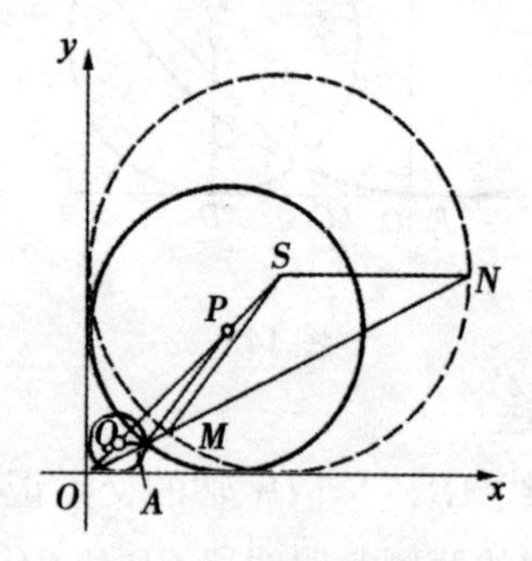

图 15

$$(x-1)^2+(y-1)^2=1$$

及

$$(x-5)^2+(y-5)^2=25$$

第二种解法：

我们用相似形方法来解这个问题.

作直线 OA 并在第一象限中作任意一个圆，它与 Ox 轴和 Oy 轴都相切(图15中虚线所示). 该圆的圆心 S 在第一象限两坐标轴夹角的平分线上.

设直线 OA 的延长线与圆相交于 M,N 两点，作直线 SM 和 SN，并过点 A 分别作平行于 SM 和 SN 的直线，它们和 OS 分别相交于点 P 和点 Q：即 $AP\parallel SM$，$AQ\parallel SN$. 点 P 和点 Q 就是所求圆的圆心. 由相似形定理可知上述作图的正确性.

坐标法的一些应用

第7章

1. 寻找两个图像的公共点

让我们来看看怎样寻找图像 F 和图像 Φ 的公共点,这些图像由方程

$$f(x,y) = 0 \tag{17}$$

$$\varphi(x,y) = 0 \tag{18}$$

来描述.

我们假定点 $P(x_1,y_1)$ 是要寻找的一个点,由于它属于两个已给的图像,因而它的坐标满足方程(17)和方程(18).反过来,如果我们能够找到变量 x 和 y 满足方程(17)和方程(18)的数值 x_1 和 y_1,那么坐标为 (x_1,y_1) 的点就是图像 F 和图像 Φ 的公共点.

显然,这些数值可以通过解方程(17)和方程(18)来求得.

因此,寻找两个图像的公共点的几何问题就归结为求解含有两个变量的由两个方程所组成的方程组的代数问题了.

为了求得两个图像的公共点,必须去求解联立方程组,每一组解给出了这些图像的公共点的坐标.

例如,解由

$$x^2+y^2=25 \tag{19}$$

与

$$x-2y+5=0 \tag{20}$$

所联立的方程组,我们得到圆(19)和直线(20)的交点的坐标.

从式(20),我们可得

$$x=2y-5$$

由此及方程(19),我们得到

$$(2y-5)^2+y^2=25$$

经过化简,得

$$y^2-4y=0$$

即 $y_1=0, y_2=4$. 于是,求得 $x_1=-5, x_2=3$. 因而,所给的圆与直线的交点是 $P(-5,0)$ 和 $Q(3,4)$(见图12). 不难验证,点 P 和点 Q 的坐标满足方程(19)和方程(20).

2. 坐标法在方程的图解法中的应用

当我们寻找上面提到的两个图像的公共点的坐标时,是通过解联立方程组得到的;反过来,我们可以通过求含有变量 x 和 y 的两个方程的根作为这些方程定义的图像的公共点的坐标. 这种见解形成了不同的简单实用的图解法的基础.

方程的图解法通常给出的是根的近似值,即使精度不高,但对于大多数的场合,从实用的目的来说已经足够了.

我们来考察两个例子.

例 1　为了解一次方程

$$Ax + By + C = 0$$

及

$$A_1x + B_1y + C_1 = 0$$

我们画出由这些方程定义的直线,并通过直接测量求出公共点的坐标,以及考察坐标的符号.

例 2　三次方程

$$x^3 + px + q = 0 \tag{21}$$

的图解法.

我们在单位为毫米的坐标格线上精确地画出曲线

$$y = x^3 \tag{22}$$

的图像(为三次抛物线),并画出直线

$$y = -px - q \tag{23}$$

的图像. 只要找出直线上的两个点,过这两点联结一条直线,则此直线即为所求.

这些曲线的公共点的横坐标就是方程(21)的根. 实际上,如果用(ξ,η)表示曲线(22),直线(23)的公共点的坐标,则等式$\eta = \xi^3$与$\eta = -p\xi - q$将是恒等的. 因此,从它们恒等而得到的等式$\xi^3 = -p\xi - q$或$\xi^3 + p\xi + q = 0$也是一个恒等式. 所以ξ是方程(21)的根.

上面的方法只能求得形如式(21) 的三次方程的实根.

上述解法最麻烦的部分是三次抛物线 $y = x^3$ 的作图,但是这种图作出之后可以使用若干次,因为由方程(23) 所定义的直线可以画在它上面,这样就能够求解许多形如式(21) 的方程了. 更进一步,当我们有了直线(23) 的方程时,我们不必将直线画出来,只要找到直线上的两个点的坐标,并把这两点在图上标出来,用直尺联结这两点,此直线和曲线(22) 的交点的横坐标找出来就行了.

图 16 给出了方程

$$x^3 - x + 0.2 = 0 \tag{24}$$

和

$$x^3 + 2x - 4 = 0 \tag{25}$$

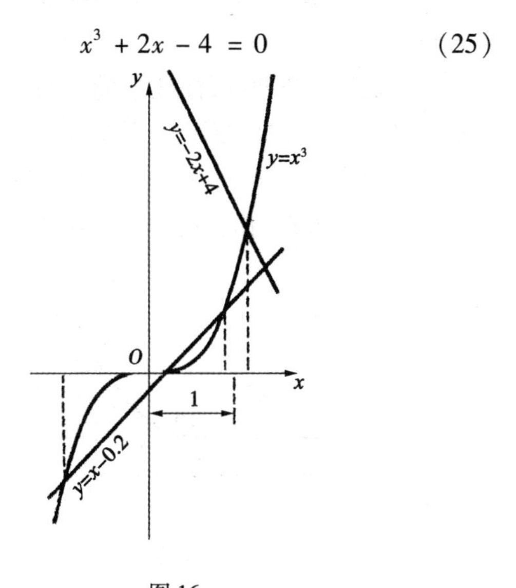

图 16

的图解法.

按照上面的叙述,将三次抛物线 $y = x^3$ 及直线 $y = x - 0.2$ 与 $y = -2x + 4$ 的图像画出. 从图像上,我们求得方程(24) 的根的近似值: -1.07, $+0.2$, $+0.9$, 以及方程(25) 的实根的近似值 $+1.2$. 方程(25) 仅有一个实根,因为三次抛物线(22) 和直线 $y = -2x + 4$ 只有一个公共点.

3. 用方程定义的图像的某些情况的分析

一般地说,由方程定义的图像的研究是一个复杂的问题,它需要使用高等数学的方法. 但是,在某些场合,问题可以有简单的解答. 例如,由一次方程定义的图像,如我们已经知道,它表示一条直线. 在下面的例子中,我们将给出抛物线方程的推导以及它的一些性质的研究.

抛物线是一条曲线,曲线上的点与一个给定的点(焦点) 及一条直线(准线) 保持等距.

令抛物线的焦点为 F, 它的坐标为 $x = 0, y = a\ (a > 0)$, 它的准线由方程 $y = -a$(图 17) 定义.

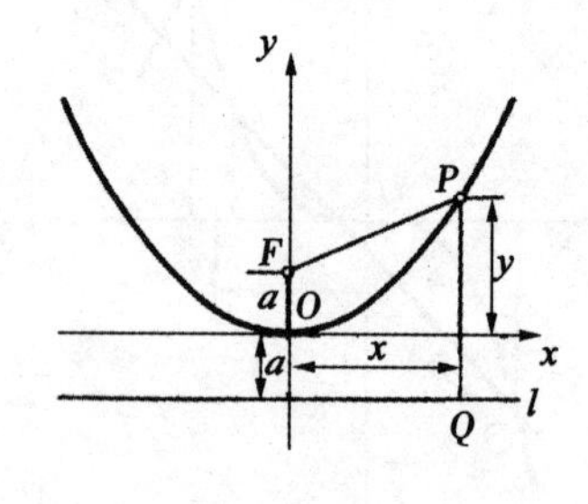

图 17

假定点 $P(x,y)$ 是抛物线上的任意一点，点 Q 是从点 P 到准线 l 的垂线的垂足，则有

$$FP = QP \tag{26}$$

显然，$QP = y + a$. 应用公式(2)，我们得到

$$FP = \sqrt{x^2 + (y - a)^2}$$

所以，等式(26) 可以写成

$$\sqrt{x^2 + (y - a)^2} = y + a$$

的形式. 由此我们得到

$$x^2 + y^2 - 2ay + a^2 = y^2 + 2ay + a^2$$

经过化简后，得

$$x^2 = 4ay \tag{27}$$

我们来考察抛物线(27) 的一些性质.

从方程(27) 我们可以看到，如果 $x = 0$，则 $y = 0$；如果 $x \neq 0$，则 $y > 0$. 由此我们可知，抛物线(27) 经过坐标原点，而它的所有其他的点都在 Ox 轴上方.

抛物线(27) 关于 Oy 轴对称. 实际上，如果点 $A(x_1,y_1)$ 在所给的抛物线上，则等式 $x_1^2 = 4ay_1$ 将是恒等式，而 $(-x_1)^2 = 4ay_1$ 也是恒等式. 因此点 $B(-x_1,y_1)$ 与点 A 关于 Oy 轴对称，且都在抛物线上. 抛物线的对称轴称为抛物线的轴.

我们来考虑方程

$$y = kx + m \tag{28}$$

这是一个一次方程，因而，它表示一条直线. 现在，我们来找抛物线(27) 和直线(28) 的交点的横坐标，这可以从方程(27) 和方程(28) 中消去 y 得到 x 的方程，并从这个方程中确定所求的 x.

坐标法

在方程(27)中,以表示式 $kx+m$ 代替 y,得到

$$x^2=4a(kx+m)$$

或

$$x^2-4akx-4am=0 \tag{29}$$

因而

$$x=2ka\pm2\sqrt{k^2a^2+am} \tag{30}$$

方程(29)的根可以是不同的实数、虚数或者相等的实数.对于第一种情形,我们得到两个交点;第二种情形,没有交点;最有趣的是第三种情形,两个交点重合,直线(28)与抛物线(27)相切,对于这种情形,$k^2a^2+am=0$,因而 $m=-k^2a$,切线具有

$$y=kx-k^2a \tag{31}$$

的形式.

由式(30)和式(27)或者由式(31),我们可得切点 M 的坐标为$(2ka,k^2a)$.

我们来指出抛物线的切线的一个简单的作法.我们用点 N 表示切点 M 到 Oy 轴的垂线的垂足(图18),找到与点 N 关于坐标原点 O 对称的点 N_1,再作直线 MN_1,点 N_1 在直线(31)上,因为它的坐标 $x=0,y=-k^2a$ 满足方程(31).因此直线(31)和 MN_1 有两个公共点 M 和 N_1.所以,直线 MN_1 就是所要求的切线.

这个方法不适用于在坐标原点 O 作切线.我们来说明 Ox 轴就是抛物线在点 O 的切线.通过解联立方程 $x^2=4ay$ 及 $y=0$,我们得到 $x_1=x_2=0$,因而抛物线(27)和 Ox 轴的两个交点重合于点 O.

我们也考虑抛物线的法线的作法,即作过切点并

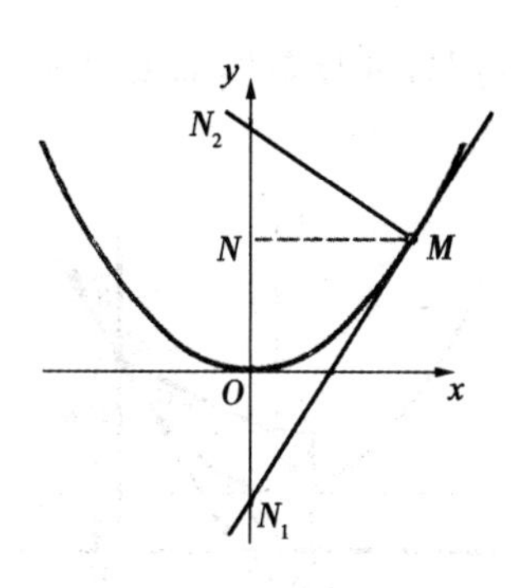

图18

与切线垂直的直线. 令点 N_2 是法线 MN_2 与 Oy 轴的交点(图18),由 Rt$\triangle MN_1N_2$,我们有:$NN_1 \cdot NN_2 = MN^2$. 由于 $MN = 2ka$,$NN_1 = 2k^2a$,所以 $NN_2 = 2a$. 根据这一等式,可以标出点 N_2,作直线 MN_2,它就是所要求的法线.

现在,我们再作另一条直线 MM' 平行于 Oy 轴(图19). 由于 M 到准线 l 的距离等于 $k^2a + a$,$MF = k^2a + a$ 亦然. 另一方面,$N_1F = N_1O + OF = k^2a + a$,因而 $MF = N_1F$,并且 $\triangle FMN_1$ 是一个等腰三角形. 于是 $\angle\alpha = \angle\gamma$(如图19所示). 又因 Oy 轴和直线 MM' 平行,得 $\angle\gamma = \angle\beta$. 由此可知

$$\angle\alpha = \angle\beta \tag{32}$$

一个凹镜,如果它的镜面可以由一条抛物线绕它的轴旋转而得到的话①,则由式(32)可知有下述性质:它把平行于镜轴的光线汇集于焦点;如果把光源放在焦点,那么从它发出的光线被镜面反射后就和镜轴平

① 那样的曲面称为旋转抛物面.

行. 望远镜和探照灯的反射镜面就是按照旋转抛物面的形状来制造的.

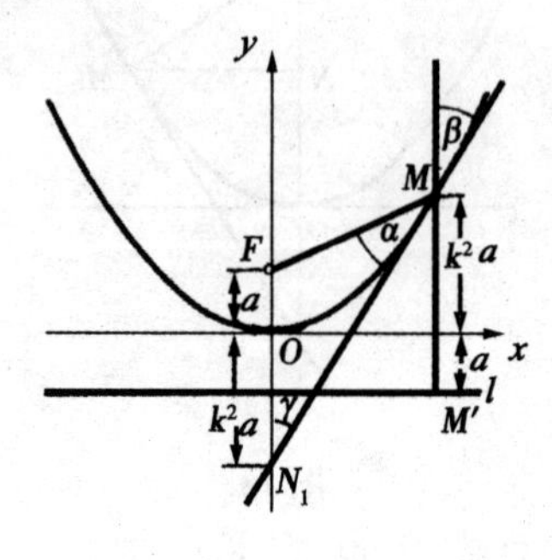

图 19

极坐标

第8章

在解析几何中，人们并不仅仅使用笛卡儿直角坐标系，也使用许多其他的坐标系. 它们中应用最广泛、最简单的就是极坐标系. 在这一章里，我们来研究这种坐标系.

当我们选择坐标系的时候，必须注意被研究的图像和求解的问题的特性，因为解法的成功与否，在考虑的范围内而言，与解法是否体现问题的特点有密切的关系，特别是对于许多的问题，使用极坐标系得到了极为简单的解法.

让我们来看一个点的极坐标的定义.

在一个给定的平面上取一点 O(极) 以及半轴 Ox(极轴). 在此平面上任取一点 P,作线段 OP,并考虑线段 OP 的长度 ρ 以及 $\angle xOP = \varphi$(图 20).

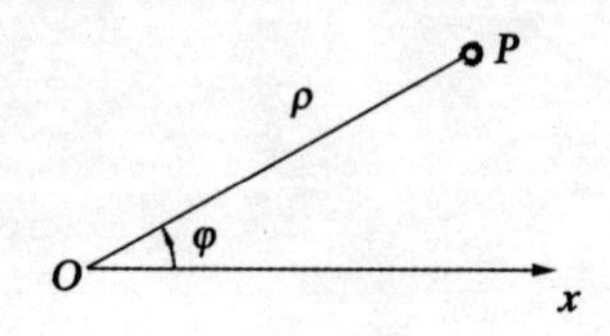

图 20

ρ 和 φ 的值称为点 P 的极坐标. ρ 称为点 P 的极半径,φ 称为它的极角. 点 P 的极角并不仅仅指 φ,也可以认为是 $\varphi + 2k\pi$,k 为任意的整数[①].

我们把笛卡儿直角坐标系的 Ox 轴的正半轴取作极轴,点 O 取作坐标原点,再作 $PP_x \perp Ox$(图 21).

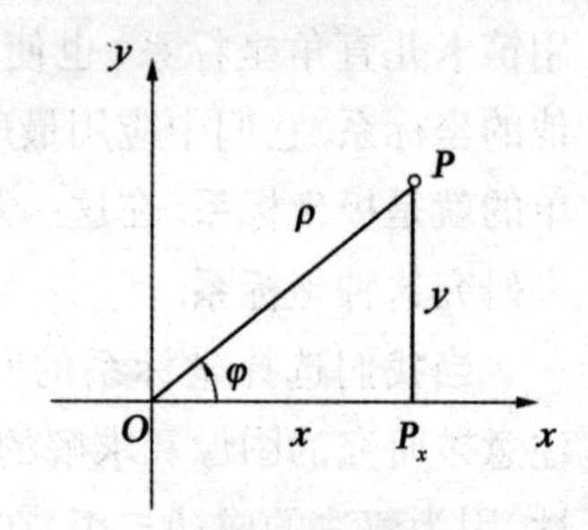

图 21

如果点 P 在第一象限,由 Rt$\triangle OPP_x$ 可得

$$x = \rho\cos\varphi, y = \rho\sin\varphi \tag{33}$$

这里 x 与 y 是点 P 的笛卡儿直角坐标. 容易看出,公式

① 本书中角的度量单位为弧度.

(33) 对于 xOy 平面上的任意点 P 也是正确的.

由 $\mathrm{Rt}\triangle OPP_x$,我们可以得到

$$\rho = \sqrt{x^2 + y^2}, \tan\varphi = \frac{y}{x} \tag{34}$$

公式(33) 与公式(34) 表示出了一个点的笛卡儿直角坐标与极坐标之间的关系.

现在我们假定方程

$$f(\varphi,\rho) = 0$$

描绘了某一图像,这个图像是一个点的集合,它们的极坐标满足这个方程(参阅第 4 章).

例如,方程

$$\rho = a\varphi \tag{35}$$

这里 a 是一个正常数,它定义了一条无限曲线,称为阿基米德螺线(图 22).

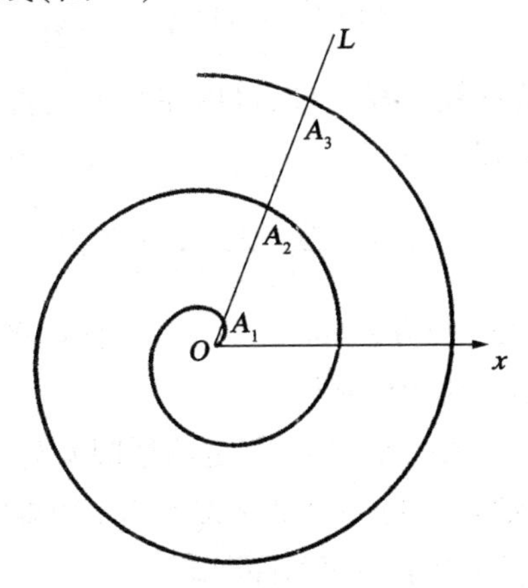

图 22

我们从点 O 引射线 OL,它与阿基米德螺线的交点分别用 $A_1, A_2, A_3, \cdots$ 记之. 如果 $\angle xOL = \theta < 2\pi$,则有

$$OA_1 = a\theta$$
$$OA_2 = a(\theta + 2\pi)$$
$$OA_3 = a(\theta + 4\pi)$$
$$\vdots$$

因而

$$A_1A_2 = A_2A_3 = \cdots = 2\pi a$$

由此可知,该曲线的两个相邻交点之间的距离为常数,且与射线 OL 的方向无关.

借助公式(33),我们可以从笛卡儿直角坐标系下的一个图像的方程得到在极坐标系下的同一个图像的方程. 反之,由公式(34),我们可以从图像的极坐标方程得出在笛卡儿直角坐标系下的方程.

例如,利用公式(34),由形式为

$$\tan \frac{\rho}{a} = \tan \varphi$$

的阿基米德螺线方程,可以得出在笛卡儿直角坐标系下的曲线方程为

$$\tan \frac{\sqrt{x^2 + y^2}}{a} = \frac{y}{x} \tag{36}$$

比较方程(35)与方程(36),可以看出使用极坐标来研究阿基米德螺线的优越性.

我们再考察一个例子:假定两个圆 k 与 k' 已经给定,其直径都是 a,圆心分别是 M 与 M'. 如果圆 k 固定,而圆 k' 在圆 k 上滚动而不许滑动,则圆 k' 上的一个定点 P 的轨迹形成一条曲线,这条曲线称为心脏线. 当点 P 的位置和圆 k 上的某一点 O 重合时,我们就取这个点作为圆 k' 的初始点(标出于图 23).

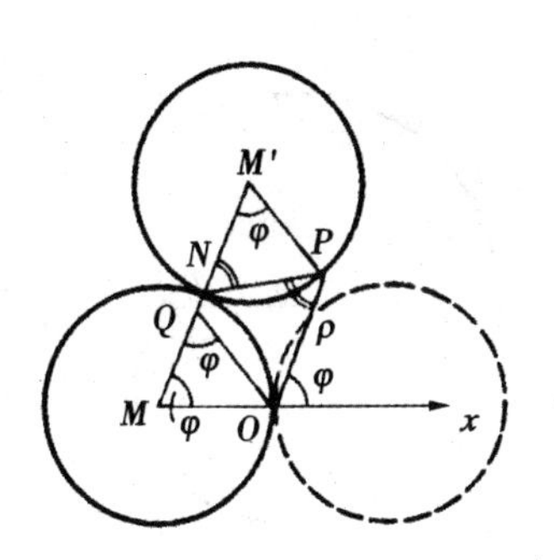

图 23

我们来导出心脏线在极坐标系下的方程. 点 O 将直线 MO 分为两个半轴,其中一条不含点 M 的取作极轴,而点 O 取作极.

我们考察圆 k' 离开初始位置时的另一个位置,并记圆 k 与 k' 的切点为 N. 由于圆 k' 是在圆 k 上滚动而没有滑动, 所以, $\overset{\frown}{NO} = \overset{\frown}{NP}$. 由此得 $OP \parallel MM'$ 且 $\angle PM'M = \angle OMM' = \angle xOP = \varphi$.

作 $OQ \parallel PM'$, 显然, $OQ = PM' = \frac{1}{2}a$. 因此, $\triangle MOQ$ 是等腰三角形,并且 $MQ = 2 \cdot \frac{1}{2}a\cos\varphi = a\cos\varphi$. 进一步,我们有 $\rho = OP = MM' - MQ = a - a\cos\varphi$. 因而,心脏线的方程有

$$\rho = a(1 - \cos\varphi) \tag{37}$$

的形式. 这条曲线如图 24 所示.

现在,在心脏线上取一定点 $P(\rho,\varphi)$,并考虑一个动点 U(图 24). 令 $OU = \rho'$, $\angle UOP = \zeta$, $\angle OPU = \mu$, 显然, $\rho' = a[1 - \cos(\varphi - \zeta)]$.

如果点 U 沿心脏线移动并无限地接近点 P,那么,

坐标法

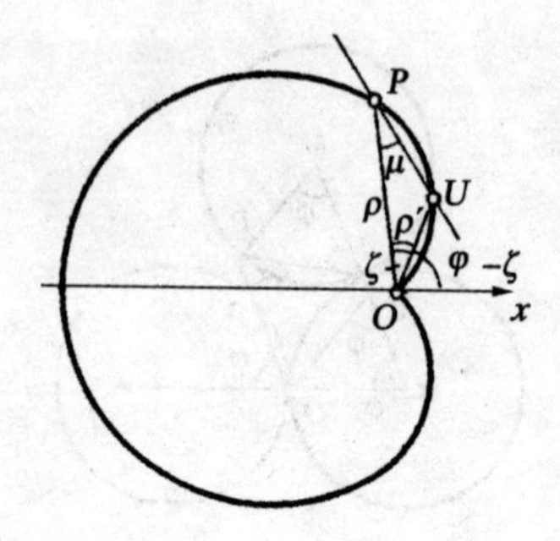

图 24

直线PU就绕点P旋转而趋于一个极限位置,这个极限位置就是心脏线在点P的切线,而$\angle OPU$的极限值就是切线和极半径OP之间的夹角.

应用正弦定理于$\triangle OPU$,我们得到

$$\frac{\rho'}{\rho}=\frac{\sin\mu}{\sin(\mu+\zeta)}$$

或

$$\frac{1-\cos(\varphi-\zeta)}{1-\cos\varphi}=\frac{\sin\mu}{\sin(\mu+\zeta)}$$

在上式中的两边减去1,得

$$\frac{\cos\varphi-\cos\varphi\cos\zeta-\sin\varphi\sin\zeta}{1-\cos\varphi}=\frac{\sin\mu-\sin\mu\cos\zeta-\cos\mu\sin\zeta}{\sin(\mu+\zeta)}$$

或

$$\frac{\cos\varphi(1-\cos\zeta)-\sin\varphi\sin\zeta}{1-\cos\varphi}=\frac{\sin\mu(1-\cos\zeta)-\cos\mu\sin\zeta}{\sin(\mu+\zeta)}$$

上式两边除以 $\sin\zeta$ 并利用公式$\frac{1-\cos\zeta}{\sin\zeta}=\tan\frac{\zeta}{2}$,有

$$\frac{\cos\varphi\tan\frac{\zeta}{2}-\sin\varphi}{1-\cos\varphi}=\frac{\sin\mu\tan\frac{\zeta}{2}-\cos\mu}{\sin(\mu+\zeta)}$$

如果点 U 无限接近点 P,则 ζ 与 $\tan\frac{\zeta}{2}$ 的极限都为零,而上面的等式的极限为

$$\cot\frac{\varphi}{2}=\cot\mu$$

由此我们得到 μ 的极限值为 $\mu=\frac{1}{2}\varphi$. 因此,心脏线的切线与过切点的极半径形成的夹角等于切点的极角的一半.

我们还要证明,经过圆 k 和 k' 的切点 N 的直线 PN 是心脏线在点 P 的法线(图 23). 实际上,$\angle OPN=\angle PNM'=\frac{\pi}{2}-\frac{\varphi}{2}$,因而点 P 的切线和直线 PN 间形成的夹角为$\frac{\pi}{2}-\frac{\varphi}{2}+\frac{\varphi}{2}=\frac{\pi}{2}$.

用方程来定义图像的例子

第9章

本章给出的例子将帮助读者更全面地了解用方程来定义几何图像的方法，并且也将表明，复杂而奇特的图像可以用简单的方程来定义.

例1 我们考虑方程①

$$\frac{|x|}{x}+\frac{|y|}{y}=2 \qquad (38)$$

显然

$$\frac{|a|}{a}=1,\text{若 } a>0$$

及

$$\frac{|a|}{a}=-1,\text{若 } a<0$$

① $|a|$ 表示 a 的绝对值.

因此,当(x,y)是点P的坐标且P在第一象限时,表示式$\frac{|x|}{x}+\frac{|y|}{y}=2$;当点$P$在第二、第四象限时,表示式等于零;当点$P$在第三象限时,表示式等于$-2$.而当点$P$在坐标轴上或是坐标原点时,表示式没有意义.

所以方程(38)定义了平面的一部分,也就是xOy平面的第一象限,但它不包含坐标轴Ox和Oy上的任何点(图 25).

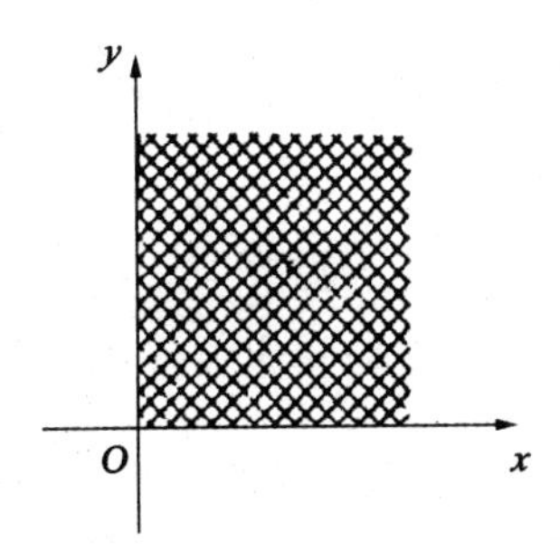

图 25

例 2　我们将分别在xOy平面上的四个象限中考虑方程

$$\left\{x-\frac{|x|}{x}\right\}^2+\left\{y-\frac{|y|}{y}\right\}^2=4 \qquad (39)$$

并且它们可以写成更简单的形式

$$(x-1)^2+(y-1)^2=4,\text{在第一象限} \qquad (40)$$

$$(x+1)^2+(y-1)^2=4,\text{在第二象限} \qquad (41)$$

$$(x+1)^2+(y+1)^2=4,\text{在第三象限} \qquad (42)$$

$$(x-1)^2+(y+1)^2=4,\text{在第四象限} \qquad (43)$$

方程(40)与圆心为$K(1,1)$,半径为2的圆在形式上没有什么差别,但它仅仅在第一象限有意义,因为在其他的象限,曲线具有不同的方程. 这段圆弧和在第二、第三、第四象限的由(41),(42),(43) 表示的圆弧构成了由方程(39) 定义的图像(图 26).

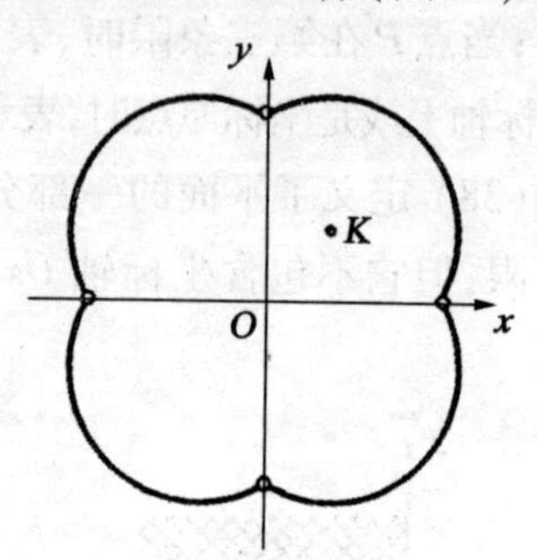

图 26

在方程(39) 定义的图像中,不包含 Ox 轴和 Oy 轴上的点,因为表示式$\frac{|y|}{y}$ 当 $y=0$ 时无意义,$\frac{|x|}{x}$ 当 $x=0$ 时无意义.

例 3 我们分别在 xOy 平面上的四个象限中考虑方程

$$|x|+|y|=2 \tag{44}$$

并且它可以写成下列形式

$$x+y=2,\text{在第一象限}$$
$$-x+y=2,\text{在第二象限}$$
$$-x-y=2,\text{在第三象限}$$
$$x-y=2,\text{在第四象限}$$

由于当 $a\geqslant 0$ 时,$|a|=a$;当 $a\leqslant 0$ 时,$|a|=-a$. 容易看出,方程(44) 定义的是包含顶点的矩形 $ABCD$ 的边界线(图 27).

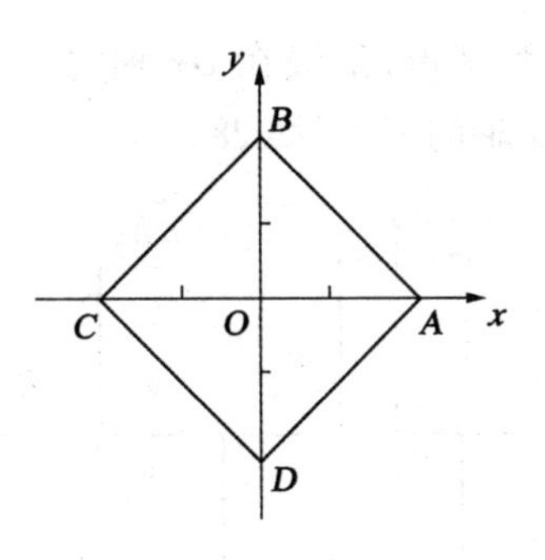

图 27

例 4　方程

$$y = |y| \sin x \tag{45}$$

和下面的情况是恒等的：

（1）如果 $y = 0$，变量 x 在这种情形可以取任意值；

（2）如果 y 取任意的正值且 $\sin x = 1$，则

$$x = \frac{\pi}{2} + 2k\pi$$

k 为任意整数；

（3）如果 y 取任意的负值且 $\sin x = -1$，则

$$x = -\frac{\pi}{2} + 2k\pi$$

k 为任意整数.

因而，图像(45) 是由 Ox 轴与下列两种类型的无限多个半射线所组成. 第一种类型的半射线的起始点在 Ox 轴上，坐标分别为$\frac{\pi}{2}, \frac{\pi}{2} \pm 2\pi, \frac{\pi}{2} \pm 4\pi, \cdots$ 且与 Ox 轴垂直；第二种类型的半射线的起始点在 Ox 轴上，其坐标分别为 $-\frac{\pi}{2}, -\frac{\pi}{2} \pm 2\pi, -\frac{\pi}{2} \pm 4\pi, \cdots$ 且与 Ox

轴垂直. 第一种情形, 射线在 Ox 轴的上方; 第二种情形, 射线在 Ox 轴的下方(图 28).

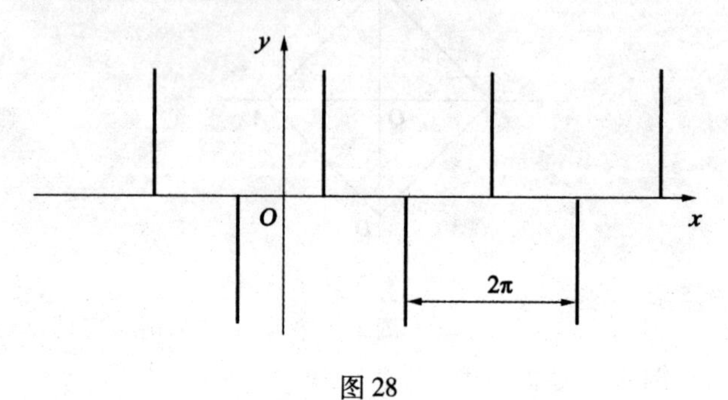

图 28

例 5 方程

$$\sin(\rho\pi) = 0$$

与无限多个方程

$$\rho = 0, \rho = \pm 1, \rho = \pm 2, \rho = \pm 3, \cdots$$

是等价的, 它定义了极点以及圆心在极点, 半径分别是 1,2,3,⋯ 的同心圆(图29). ρ 的负值不加考虑, 因为由定义, $\rho \geqslant 0$.

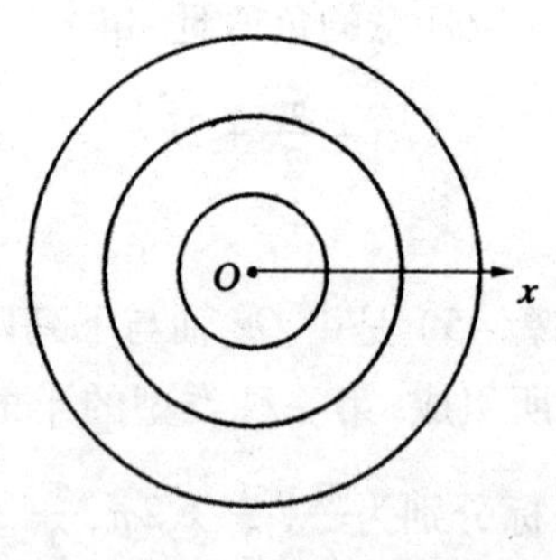

图 29

例 6　令 $E(a)$ 为不超过 a 的最大整数[①]. 例如，$E(2)=2$，$E(5.99)=5$，$E(-5.99)=-6$，$E(\pi)=3$，$E(\sqrt{50})=7$，$E(-4)=-4$，$E(-4.7)=-5$.

我们来考虑方程

$$y=E(x) \tag{46}$$

如果 $n\leqslant x<n+1$，n 是整数，则 $y=n$. 因此由方程 (46) 定义的图像是由无限多个线段组成的，这些线段排列成阶梯形状(图 30).

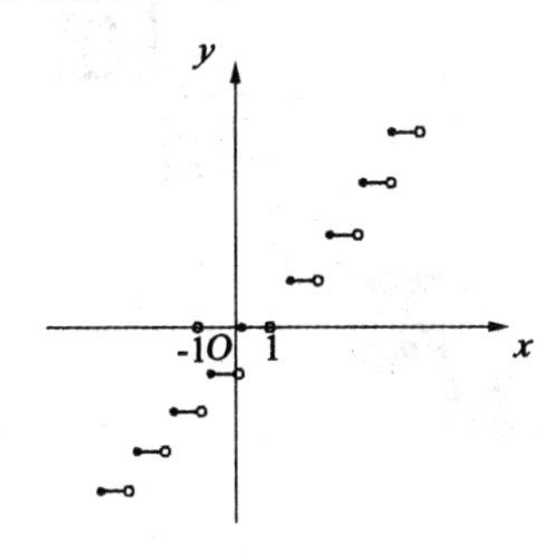

图 30

这些线段中的一个在 Ox 轴上，它的左端点的横坐标等于零，我们要证明它没有右端点. 我们假定这样的点 P 存在并且它的横坐标等于 p. 由于 $E(p)=0$，且显然 $p\neq 0$，$0<p<1$. 用 q 记数值 $p+\frac{1-p}{2}=\frac{1+p}{2}$，用 Q 代表横坐标为 q 且在 Ox 轴上的点. 因而，$p<q<1$ 而 $E(q)=0$. 所以点 Q 也在图像(46) 上，并且它在点 P 的右边，这与我们的假设相矛盾.

① 在数学书籍中常遇到符号【a】，其意义同此.

类似的，我们可以证明，式(46)的图像的每一个线段都有左端点而没有右端点.

例 7　由方程

$$E(x) = E(y)$$

定义的图像是由无限多个矩形的内点所组成，这些矩形不包括它的上边界和右边界，每边的长等于1，它们的位置如图31所示.

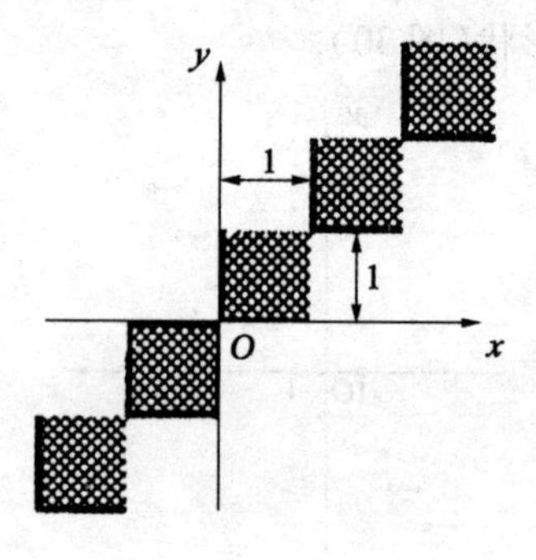

图31

实际上，如果 x,y 是满足不等式

$$n \leqslant x < n+1, n \leqslant y < n+1$$

的任意数，这里 n 是一个整数，则 $E(x) = E(y) = n$.

例 8　我们在上面已经看到，如果我们不考虑整个 xOy 平面而是考虑它的一个象限，则方程(39)和方程(44)可以化简. 我们也将应用把平面分成几个部分的方法来考察方程

$$\left\{x - E\left(x + \frac{1}{2}\right)\right\}^2 + \left\{y - E\left(y + \frac{1}{2}\right)\right\}^2 = \frac{1}{16} \tag{47}$$

我们借助于直线

$$x=\pm\frac{1}{2},x=\pm\frac{3}{2},x=\pm\frac{5}{2},\cdots \tag{48}$$

$$y=\pm\frac{1}{2},y=\pm\frac{3}{2},y=\pm\frac{5}{2},\cdots \tag{49}$$

将 xOy 平面分成许多矩形. 我们考虑其中的一个,例如,由直线

$$x=\frac{3}{2},x=\frac{5}{2},y=\frac{1}{2},y=\frac{3}{2}$$

围成的矩形 Q.

矩形 Q 内部的任意一点的坐标满足不等式

$$\frac{3}{2}<x<\frac{5}{2},\frac{1}{2}<y<\frac{3}{2}$$

或者

$$2<x+\frac{1}{2}<3,1<y+\frac{1}{2}<2$$

因此,在矩形 Q 内部(也就是对所考虑的变量 x 与 y 的值是矩形 Q 内部的点的坐标),方程(47) 就取

$$(x-2)^2+(y-1)^2=\frac{1}{16} \tag{50}$$

的形式.

方程(50) 定义了半径为$\frac{1}{4}$ 的圆,它的圆心 $M(2,1)$ 也是矩形 Q 的中心. 方程(50) 所定义的圆完全落在矩形 Q 的内部,因此它的任何一点的坐标都满足方程(47).

利用这种推理方法,我们可以得出结论,即方程(47) 定义的图像由无限多个圆组成,每一个圆的半径为$\frac{1}{4}$,每一个坐标为整数的点是这些圆中的每一个圆的中心(图 32).

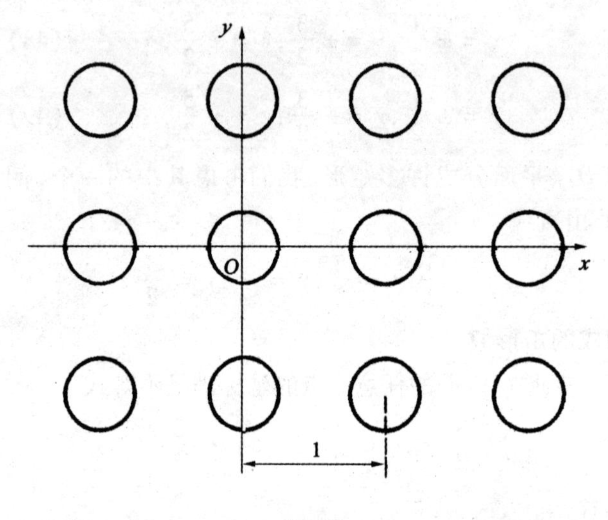

图 32

例 9 方程

$$\left\{x-E\left(x+\frac{1}{2}\right)\right\}^2+\left\{y-E\left(y+\frac{1}{2}\right)\right\}^2=\frac{5}{16} \tag{51}$$

与方程(47)的差别仅仅是右端项. 利用前面已经讨论过的例子,可知方程(51)在矩形 Q 内变为如下形式

$$(x-2)^2+(y-1)^2=\frac{5}{16}$$

因而它在 Q 内部定义了一个圆心为 $M(2,1)$,半径为 $\frac{\sqrt{5}}{4}$ 的圆. 由于 $\frac{\sqrt{5}}{4}>\frac{1}{2}$,所以这个圆的圆周只有一部分在 Q 里面. 这一部分圆周也是方程(51)定义的图像的一部分,而落在 Q 外面的点就在图像上. 读者应注意,圆周与 Q 的边界的交点也在图像上.

对于 xOy 平面中由直线(48) 与直线(49) 所划分的其他矩形,我们也可以类似地讨论.

方程(51) 定义的图像如图 33 所示.

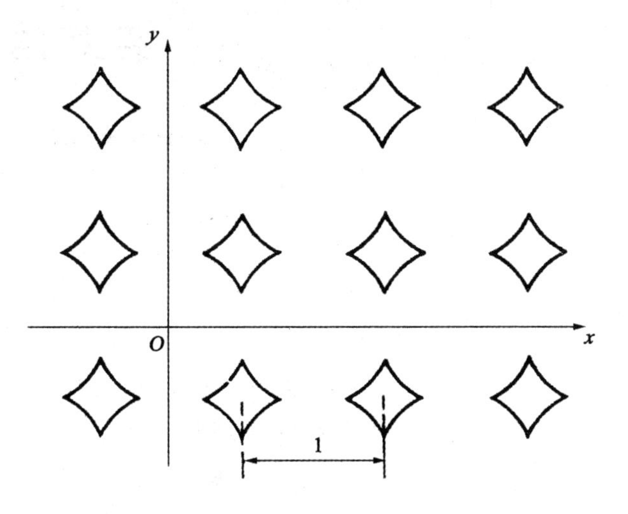

图 33

对于仔细研究过上面那些例子的读者,不难作出由下列方程所定义的各个图像:

(1) $y=|x|$;

(2) $\sin^2(\pi x)+\sin^2(\pi y)=0$;

(3) $\sin(x+y)=0$;

(4) $(x+|x|)^2+(y+|y|)^2=4$;

(5) $\left\{x-2\frac{|x|}{x}\right\}^2+\left\{y-2\frac{|y|}{y}\right\}^2=5$;

(6) $\left\{x-\frac{|x|}{x}\right\}^2+\left\{y+\frac{|y|}{y}\right\}^2=4$;

(7) $\left\{x-\frac{|x|}{x}-\frac{|y|}{y}\right\}^2+\left\{y-\frac{|x|}{x}-\frac{|y|}{y}\right\}^2=4$.

结束语

在科学研究中,关于应用坐标法的可能性的思想起源于几千年以前.例如,众所周知,古代天文学家利用特殊的坐标系,在想象的天球上确定最亮的星的位置,画成星图,对于太阳、月亮和行星相对于恒星的运动做了非常准确的观察.

随后,地理坐标系统在绘制地图和确定公海上船只的位置等方面得到了广泛的应用.

但是,直到17世纪,坐标法只局限于实际的应用.例如,它被用来指示特定对象——不动的山、海角、运动的船只以及行星的位置.

1637年,著名的法国哲学家、数学家笛卡儿在他出版的一本著作《几何学》中,找到了坐标法的一个新的、惊人的应用.

笛卡儿阐明了变量概念的重要意义.当研究最常用的曲线时,笛卡儿发现,沿一条给定曲线运动的点的坐标与完全刻画这条曲线特性的一个特定的方程联系着.因此,通过曲线的方程来研究曲线的方法就被建立起来,它标志着解析几何的诞生,同时也推动了其他数学学科的成长.

F·恩格斯写道:“笛卡儿的变量是数学的转折点.就是由于有了变量,才在数学中引进了运动与辩证法,因而也就必然地产生出微积分.”①

解析几何学的数学基础在于定义几何图像的崭新的方法:用一个方程来定义一个图像.用两种可能的方法来说明这个方法的要旨:

我们考虑一个坐标为(x,y)的点以及与之联系的某一个方程.可以看出,当它的坐标改变时,它在平面上移动,但它移动的路径不能是任意的,因为给定的方程确立了量x与y之间的依赖关系.换句话说,方程就如一条“轨道”,它限制着点沿一条已定的轨道运动.例如,曲线

$$y = x^3 \qquad (*)$$

上的点$P(1,1)$可以移动到位置$P'(\frac{3}{2},3\frac{3}{8})$或$P''(2,8)$,但方程$(*)$不允许它移到点$Q(2,7)$处.

当然,用示踪器描绘子弹的轨迹或地震仪记录的

① F·恩格斯.自然辩证法,1950,第206页.

反映地球的地壳震动的曲线,这些都与用方程定义图像及动点的概念没有什么关系.一个方程可以看作是"选择"那些由方程定义的图像中的点的工具,平面上的点,只有它的坐标满足给定的方程时才会被"选择".

第一个概念的现实存在性是笛卡儿的贡献并且与函数关系的概念有着紧密的联系:由方程定义的一条曲线可以看作是函数的图像,自变量与函数的变化依赖于描述函数图像的点的变动.

第二个概念的思想比较简单,而且也比较容易理解,它包含更广泛的图像,在第4章以及第5～9章中的一部分专门研究了它们的特性.比较接近这个概念的是用不等式定义图像的方法,我们只能在这里通过下述例子顺便提及一下:坐标满足不等式 $x^2+y^2\leqslant 25$ 的点属于一个圆,这个圆的半径为5,圆心在坐标原点,这个圆包括圆周及其内部.

编辑手记

近日,一篇名为"昨夜无眠"的帖子在网上引起热议.发帖者是中国科学院数学与系统科学研究院教授程代展.文中讲述了他的一名极有科研潜质并已取得耀人成绩的博士生,放弃了科研道路,选择到一所中学任教.惋惜者认为中国科学界少了一位新秀;赞扬者认为中国中学数学教育界又增添了一支"潜力股".其实中学教师完全可以是大学者,比如华罗庚的初中老师王维克是留法博士;陈景润的初中老师沈元新在中国成立后曾任南京工学院院长;徐利治先生也曾代华罗庚先生到中学代课.只有大人物才能培养出大人物.

在"一句话毁掉小清新"的风潮中,"理科男"盯上了热衷于讲佛理小故事的老禅师,大玩"一句话噎住老禅师"的游戏.例如:青年问禅师:"我的心被忧愁和烦恼塞满了怎么办?"禅师若有所思地说:"你随手画一条曲线,用放大镜放大了看,它的周围难道不是十分明朗开阔吗?"那个青年画了一条皮亚诺曲线.

曲线一直是数学中难以描述的东西.在曲线成为主角之前,数学的中心是方程论,以解方程的能力高低论英雄.于是给了塔塔利亚、卡尔丹这样的业余人士机会,使之在数学史上留名.

其实笛卡儿也是一位业余数学家.他是一位法国驻荷兰的军官,他在哲学方面的贡献要大于数学,他对数学产生自信也是一种偶然.大约在1617年,他漫步在阿姆斯特丹街头,看到一则悬赏启示,但他不懂佛来芒语,巧的是他旁边还站着一位业余的荷兰数学家贝格曼,他的正当职业是一个肉类加工厂做香肠的工人,因为那个时候数学家还不是一个正当职业,以法国为例,费马的职业是律师、法官;笛卡儿的朋友梅森是神父.

笛卡儿在数学方面最大的贡献是开创了数学的一个新分支——解析几何学,借助坐标系,用代数方法研究几何对象之间的关系和性质的一门几何学分支,亦叫作坐标几何,其思想来源可上溯到公元前2 000年.当时美索不达米亚地区的巴比伦人已能用数字表示一点到另一固定点、直线或物体的距离,已有原始坐标思想.公元前4世纪,古希腊数学家门奈赫莫斯发现了圆锥曲线,并对这些曲线的性质进行了系统阐述. 公元前200年左右,阿波罗尼奥斯著有《圆锥曲线论》8卷,全面论述了圆锥曲线的各种性质,其中采用过一种"坐标"—— 以圆锥体底面的直径作为横坐标,过顶点的垂线作为纵坐标 —— 加之所研究的内容,可以看作是解析几何的萌芽. 14世纪中期,法国数学家奥雷姆在《论质量与运动的结构》(1360) 等书中提出一种坐标几何 —— 用两个坐标来确定点的位置,用水平线上的点表示时间,称为径度;而所对应的速度则用竖直线表示,称之为纬度. 这是从天文、地理坐标向近代坐标几何学的过渡. 他还通过图形来阐明函数关系. 到16世纪末,法国数学家韦达提出了应用代数方法解几何问题的想法. 韦达是符号代数的创始人,他在代数专著(1593) 和几何专著(1600) 中都使用代数方法研究几何问题,曾圆满解决了阿波罗尼奥斯等问题,他的思想给笛卡儿以很大启发. 此外开普勒发现行星运动三大定律,伽利略研究抛射体运动轨迹,都要求利用数学从运动变化的观点研究和解决问题,促进了解析几何学的建立.

1637年,笛卡儿出版了一部哲学著作《科学中正确运用理性和追求真理的方法论》,书中有三个附录,其中之一是《几何学》3卷. 这是笛卡儿唯一的数学论著,阐述了他关于解析几何的思想,后人把它作为解析几何学的起点. 书中第一次出现变量与函数的概念,他所谓的变量是指具有变化长度和不变方向的线段,还指出连续经过坐标轴上所有点的数字变量,因此他试图创建一种几何与代数互相渗透的学科. 在卷 I 中将几何问题化为代数问题，提出几何问题的统一作图法，将线段与数量联系起来，建立方程，根据方程的解所表示的线段间的关系进行作图. 卷Ⅱ将平面上的点与一种斜坐标确定的数对联系起来，进一步考虑含两个未知数的二次不定方程，指出它代表平面上的一条曲线，并依据方程的次数将曲线分类. 这样，一个代数方程可以通过几何直观方法去处理，反之可以用代数方法研究曲线的性质，体现了具有某种性质的点之间有某种关系，构成了解析几何的基本思想. 从此人类进入变量数学时期. 笛卡儿还改进了符号体系，用 x,y,z 等字母表示未知数；用 a,b,c 等字母表示已知数，这种表示法沿用至今. 与笛卡儿同时代的数学家费马独立发现了解析几何基本原理. 费马在研究阿波罗尼奥斯的著作时发现，如果通过坐标系把代数用于几何，轨迹的研究就易于进行，后为此写了一篇短文“平面与立体轨迹引论”(1679 年发表)，其中断言，两个未知量确定一个方程，对应着一条轨迹，可以描绘一条直线或曲线. 1643 年，他又在一封信中描述了三维解析几何的思想. 另一位数学家拉伊尔于 1679 年也对三维解析几何进行过讨论.

解析几何建立后获得迅速发展，并广泛用于各个数学分支. 意大利数学家卡瓦列里最先使用极坐标求阿基米德螺线下的面积. 牛顿则第一个把极坐标看作确定平面上点的位置的一种方法. 18 世纪，克莱罗在《关于双重曲率曲线的研究》(1731) 中、欧拉在《无穷分析引论》(1748) 中以及拉格朗日(1773) 等都讨论了曲面和空间曲线的解析理论. 19 世纪，德国数学家普吕克发表《解析几何的发展》(1828 ~ 1831)和《解析几何系统》(1835),以优美的方式证明了该领域中的许多结论和定理,在解析几何发展史上占有重要位置.解析几何学大大推动了微积分学的发展,也促进了几何本身的进步,它的直接推广还产生了代数几何分支.在解析几何中,“坐标”一词由莱布尼兹于1692年首先创用.他在两年后正式使用“纵坐标”一词,“横坐标”一词到18世纪由德国数学家沃尔夫正式使用.而“解析几何学”这个名称直到18世纪末才由法国数学家拉克鲁瓦正式使用.

本书最早是由俄罗斯出版的,是青年数学小丛书中的一本.中文版最早由台湾九章出版社出版,由方运加译出.

俄罗斯出版人眼光独到.1998年,俄罗斯成立了一家名字令人费解的出版社:“安芙拉”.这是个古希腊字“amphoru”,是指古希腊最经典的“双耳陶罐”.也许它的精品常常用作奖杯,也许它在古罗马时代成为一种标准的容器用来度量液体,这个“宝瓶”便被用来命名出版社了.这家出版社主打“外国经典”,他们曾成功地预测了2003年诺贝尔文学奖要授予南非作家约翰·马克斯维尔·库切;2004年,他们又成功地预测到了奥地利作家艾尔费雷德·耶利内克会获奖;2005年,他们预测到了哈罗德·品特会获奖;2006年,他们预测到土耳其作家奥尔汗·帕穆克会获奖,并早在2005年就出版了他的《我的名字是红》,2006年出版了他的《雪》和《黑书》,其广告词即为“本年度诺贝尔文学奖头号候选人帕穆克文集”.当然最为精彩的是

坐标法

2012 年他们成功地预测到莫言会获奖并于 2012 年 10 月 12 日就推出了莫言的小说《酒国》. 这种专攻一项的做法才会有如此惊人的效果. 这是我们数学工作室需要学习的.

刘培杰
2013 年 12 月 5 日
于哈工大

哈尔滨工业大学出版社刘培杰数学工作室已出版(即将出版)图书目录

书　　名	出版时间	定　价	编号
新编中学数学解题方法全书(高中版)上卷	2007—09	38.00	7
新编中学数学解题方法全书(高中版)中卷	2007—09	48.00	8
新编中学数学解题方法全书(高中版)下卷(一)	2007—09	42.00	17
新编中学数学解题方法全书(高中版)下卷(二)	2007—09	38.00	18
新编中学数学解题方法全书(高中版)下卷(三)	2010—06	58.00	73
新编中学数学解题方法全书(初中版)上卷	2008—01	28.00	29
新编中学数学解题方法全书(初中版)中卷	2010—07	38.00	75
新编中学数学解题方法全书(高考复习卷)	2010—01	48.00	67
新编中学数学解题方法全书(高考真题卷)	2010—01	38.00	62
新编中学数学解题方法全书(高考精华卷)	2011—03	68.00	118
新编平面解析几何解题方法全书(专题讲座卷)	2010—01	18.00	61
新编中学数学解题方法全书(自主招生卷)	2013—08	88.00	261
数学眼光透视	2008—01	38.00	24
数学思想领悟	2008—01	38.00	25
数学应用展观	2008—01	38.00	26
数学建模导引	2008—01	28.00	23
数学方法溯源	2008—01	38.00	27
数学史话览胜	2008—01	28.00	28
数学思维技术	2013—09	38.00	260
从毕达哥拉斯到怀尔斯	2007—10	48.00	9
从迪利克雷到维斯卡尔迪	2008—01	48.00	21
从哥德巴赫到陈景润	2008—05	98.00	35
从庞加莱到佩雷尔曼	2011—08	138.00	136
数学解题中的物理方法	2011—06	28.00	114
数学解题的特殊方法	2011—06	48.00	115
中学数学计算技巧	2012—01	48.00	116
中学数学证明方法	2012—01	58.00	117
数学趣题巧解	2012—03	28.00	128
三角形中的角格点问题	2013—01	88.00	207
含参数的方程和不等式	2012—09	28.00	213

哈尔滨工业大学出版社刘培杰数学工作室已出版(即将出版)图书目录

书　名	出版时间	定　价	编号
数学奥林匹克与数学文化(第一辑)	2006－05	48.00	4
数学奥林匹克与数学文化(第二辑)(竞赛卷)	2008－01	48.00	19
数学奥林匹克与数学文化(第二辑)(文化卷)	2008－07	58.00	34
数学奥林匹克与数学文化(第三辑)(竞赛卷)	2010－01	48.00	59
数学奥林匹克与数学文化(第四辑)(竞赛卷)	2011－08	58.00	87

书　名	出版时间	定　价	编号
发展空间想象力	2010－01	38.00	57
走向国际数学奥林匹克的平面几何试题诠释(上、下)(第1版)	2007－01	68.00	11,12
走向国际数学奥林匹克的平面几何试题诠释(上、下)(第2版)	2010－02	98.00	63,64
平面几何证明方法全书	2007－08	35.00	1
平面几何证明方法全书习题解答(第1版)	2005－10	18.00	2
平面几何证明方法全书习题解答(第2版)	2006－12	18.00	10
平面几何天天练上卷·基础篇(直线型)	2013－01	58.00	208
平面几何天天练中卷·基础篇(涉及圆)	2013－01	28.00	234
平面几何天天练下卷·提高篇	2013－01	58.00	237
平面几何专题研究	2013－07	98.00	258
最新世界各国数学奥林匹克中的平面几何试题	2007－09	38.00	14
数学竞赛平面几何典型题及新颖解	2010－07	48.00	74
初等数学复习及研究(平面几何)	2008－09	58.00	38
初等数学复习及研究(立体几何)	2010－06	38.00	71
初等数学复习及研究(平面几何)习题解答	2009－01	48.00	42
世界著名平面几何经典著作钩沉——几何作图专题卷(上)	2009－06	48.00	49
世界著名平面几何经典著作钩沉——几何作图专题卷(下)	2011－01	88.00	80
世界著名平面几何经典著作钩沉(民国平面几何老课本)	2011－03	38.00	113
世界著名解析几何经典著作钩沉——平面解析几何卷	2014－01	38.00	273
世界著名数论经典著作钩沉(算术卷)	2012－01	28.00	125
世界著名数学经典著作钩沉——立体几何卷	2011－02	28.00	88
世界著名三角学经典著作钩沉(平面三角卷Ⅰ)	2010－06	28.00	69
世界著名三角学经典著作钩沉(平面三角卷Ⅱ)	2011－01	28.00	78
世界著名初等数论经典著作钩沉(理论和实用算术卷)	2011－07	38.00	126
几何学教程(平面几何卷)	2011－03	68.00	90
几何学教程(立体几何卷)	2011－07	68.00	130
几何变换与几何证题	2010－06	88.00	70
计算方法与几何证题	2011－06	28.00	129
立体几何技巧与方法	2014－01		293
几何瑰宝——平面几何500名题暨1000条定理(上、下)	2010－07	138.00	76,77
三角形的解法与应用	2012－07	18.00	183
近代的三角形几何学	2012－07	48.00	184
一般折线几何学	即将出版	58.00	203
三角形的五心	2009－06	28.00	51
三角形趣谈	2012－08	28.00	212
解三角形	2014－01	28.00	265
圆锥曲线习题集(上)	2013－06	68.00	255

哈尔滨工业大学出版社刘培杰数学工作室已出版(即将出版)图书目录

书　　名	出版时间	定　价	编号
俄罗斯平面几何问题集	2009－08	88.00	55
俄罗斯立体几何问题集	2014－01		283
俄罗斯几何大师——沙雷金论数学及其他	2014－01	48.00	271
来自俄罗斯的5000道几何习题及解答	2011－03	58.00	89
俄罗斯初等数学问题集	2012－05	38.00	177
俄罗斯函数问题集	2011－03	38.00	103
俄罗斯组合分析问题集	2011－01	48.00	79
俄罗斯初等数学万题选——三角卷	2012－11	38.00	222
俄罗斯初等数学万题选——代数卷	2013－08	68.00	225
俄罗斯初等数学万题选——几何卷	2014－01	68.00	226
463个俄罗斯几何老问题	2012－01	28.00	152
近代欧氏几何学	2012－03	48.00	162
罗巴切夫斯基几何学及几何基础概要	2012－07	28.00	188

书　　名	出版时间	定　价	编号
超越吉米多维奇——数列的极限	2009－11	48.00	58
Barban Davenport Halberstam 均值和	2009－01	40.00	33
初等数论难题集(第一卷)	2009－05	68.00	44
初等数论难题集(第二卷)(上、下)	2011－02	128.00	82,83
谈谈素数	2011－03	18.00	91
平方和	2011－03	18.00	92
数论概貌	2011－03	18.00	93
代数数论(第二版)	2013－08	58.00	94
代数多项式	2014－01		289
初等数论的知识与问题	2011－02	28.00	95
超越数论基础	2011－03	28.00	96
数论初等教程	2011－03	28.00	97
数论基础	2011－03	18.00	98
数论基础与维诺格拉多夫	2014－01		292
解析数论基础	2012－08	28.00	216
解析数论基础(第二版)	2014－01	48.00	287
数论入门	2011－03	38.00	99
数论开篇	2012－07	28.00	194
解析数论引论	2011－03	48.00	100
复变函数引论	2013－10	68.00	269
无穷分析引论(上)	2013－04	88.00	247
无穷分析引论(下)	2013－04	98.00	245

哈尔滨工业大学出版社刘培杰数学工作室已出版(即将出版)图书目录

书　名	出版时间	定　价	编号
数学分析中的一个新方法及其应用	2013－01	38.00	231
数学分析例选:通过范例学技巧	2013－01	88.00	243
三角级数论(上册)(陈建功)	2013－01	38.00	232
三角级数论(下册)(陈建功)	2013－01	48.00	233
三角级数论(哈代)	2013－06	48.00	254
基础数论	2011－03	28.00	101
超越数	2011－03	18.00	109
三角和方法	2011－03	18.00	112
谈谈不定方程	2011－05	28.00	119
整数论	2011－05	38.00	120
随机过程(Ⅰ)	2014－01	78.00	224
随机过程(Ⅱ)	2014－01	68.00	235
整数的性质	2012－11	38.00	192
初等数论 100 例	2011－05	18.00	122
初等数论经典例题	2012－07	18.00	204
最新世界各国数学奥林匹克中的初等数论试题(上、下)	2012－01	138.00	144,145
算术探索	2011－12	158.00	148
初等数论(Ⅰ)	2012－01	18.00	156
初等数论(Ⅱ)	2012－01	18.00	157
初等数论(Ⅲ)	2012－01	28.00	158
组合数学浅谈	2012－03	28.00	159
同余理论	2012－05	38.00	163
丢番图方程引论	2012－03	48.00	172
平面几何与数论中未解决的新老问题	2013－01	68.00	229

历届美国中学生数学竞赛试题及解答(第一卷)1950－1954	2014－01		277
历届美国中学生数学竞赛试题及解答(第二卷)1955－1959	2014－01		278
历届美国中学生数学竞赛试题及解答(第三卷)1960－1964	2014－01		279
历届美国中学生数学竞赛试题及解答(第四卷)1965－1969	2014－01		280
历届美国中学生数学竞赛试题及解答(第五卷)1970－1972	2014－01		281

哈尔滨工业大学出版社刘培杰数学工作室已出版(即将出版)图书目录

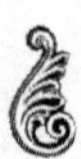

哈尔滨工业大学出版社刘培杰数学工作室已出版(即将出版)图书目录

书　名	出版时间	定　价	编号
初等不等式的证明方法	2010－06	38.00	123
数学奥林匹克问题集	2014－01	38.00	267
数学奥林匹克不等式散论	2010－06	38.00	124
数学奥林匹克不等式欣赏	2011－09	38.00	138
数学奥林匹克超级题库(初中卷上)	2010－01	58.00	66
数学奥林匹克不等式证明方法和技巧(上、下)	2011－08	158.00	134,135
近代拓扑学研究	2013－04	38.00	239
新编 640 个世界著名数学智力趣题	2014－01	88.00	242
500 个最新世界著名数学智力趣题	2008－06	48.00	3
400 个最新世界著名数学最值问题	2008－09	48.00	36
500 个世界著名数学征解问题	2009－06	48.00	52
400 个中国最佳初等数学征解老问题	2010－01	48.00	60
500 个俄罗斯数学经典老题	2011－01	28.00	81
1000 个国外中学物理好题	2012－04	48.00	174
300 个日本高考数学题	2012－05	38.00	142
500 个前苏联早期高考数学试题及解答	2012－05	28.00	185
546 个早期俄罗斯大学生数学竞赛题	2014－01		285

书　名	出版时间	定　价	编号
博弈论精粹	2008－03	58.00	30
数学 我爱你	2008－01	28.00	20
精神的圣徒　别样的人生——60 位中国数学家成长的历程	2008－09	48.00	39
数学史概论	2009－06	78.00	50
数学史概论(精装)	2013－03	158.00	272
斐波那契数列	2010－02	28.00	65
数学拼盘和斐波那契魔方	2010－07	38.00	72
斐波那契数列欣赏	2011－01	28.00	160
数学的创造	2011－02	48.00	85
数学中的美	2011－02	38.00	84

书　名	出版时间	定　价	编号
王连笑教你怎样学数学——高考选择题解题策略与客观题实用训练	2014－01	48.00	262
最新全国及各省市高考数学试卷解法研究及点拨评析	2009－02	38.00	41
高考数学的理论与实践	2009－08	38.00	53
中考数学专题总复习	2007－04	28.00	6
向量法巧解数学高考题	2009－08	28.00	54
高考数学核心题型解题方法与技巧	2010－01	28.00	86
数学解题——靠数学思想给力(上)	2011－07	38.00	131
数学解题——靠数学思想给力(中)	2011－07	48.00	132
数学解题——靠数学思想给力(下)	2011－07	38.00	133
我怎样解题	2013－01	48.00	227

哈尔滨工业大学出版社刘培杰数学工作室已出版(即将出版)图书目录

书　　名	出版时间	定　价	编号
2011年全国及各省市高考数学试题审题要津与解法研究	2011-10	48.00	139
2013年全国及各省市高考数学试题分章解析与点评	2014-01		282
新课标高考数学——五年试题分章详解(2007～2011)(上、下)	2011-10	78.00	140,141
30分钟拿下高考数学选择题、填空题	2012-01	48.00	146
全国中考数学压轴题审题要津与解法研究	2013-04	78.00	248
高考数学压轴题解题诀窍(上)	2012-02	78.00	166
高考数学压轴题解题诀窍(下)	2012-03	28.00	167

书　　名	出版时间	定　价	编号
格点和面积	2012-07	18.00	191
射影几何趣谈	2012-04	28.00	175
斯潘纳尔引理——从一道加拿大数学奥林匹克试题谈起	2014-01	18.00	228
李普希兹条件——从几道近年高考数学试题谈起	2012-10	18.00	221
拉格朗日中值定理——从一道北京高考试题的解法谈起	2012-10	18.00	197
闵科夫斯基定理——从一道清华大学自主招生试题谈起	2014-01	28.00	198
哈尔测度——从一道冬令营试题的背景谈起	2012-08	28.00	202
切比雪夫逼近问题——从一道中国台北数学奥林匹克试题谈起	2013-04	38.00	238
伯恩斯坦多项式与贝齐尔曲面——从一道全国高中数学联赛试题谈起	2013-03	38.00	236
卡塔兰猜想——从一道普特南竞赛试题谈起	2013-06	18.00	256
麦卡锡函数和阿克曼函数——从一道前南斯拉夫数学奥林匹克试题谈起	2012-08	18.00	201
贝蒂定理与拉姆贝克莫斯尔定理——从一个拣石子游戏谈起	2012-08	18.00	217
皮亚诺曲线和豪斯道夫分球定理——从无限集谈起	2012-08	18.00	211
平面凸图形与凸多面体	2012-10	28.00	218
斯坦因豪斯问题——从一道二十五省市自治区中学数学竞赛试题谈起	2012-07	18.00	196
纽结理论中的亚历山大多项式与琼斯多项式——从一道北京市高一数学竞赛试题谈起	2012-07	28.00	195
原则与策略——从波利亚"解题表"谈起	2013-04	38.00	244
转化与化归——从三大尺规作图不能问题谈起	2012-08	28.00	214
代数几何中的贝祖定理(第二版)——从一道IMO试题的解法谈起	2013-08	38.00	193
成功连贯理论与约当块理论——从一道比利时数学竞赛试题谈起	2012-04	18.00	180
磨光变换与范·德·瓦尔登猜想——从一道环球城市竞赛试题谈起	即将出版		
素数判定与大数分解	即将出版	18.00	199
置换多项式及其应用	2012-10	18.00	220
椭圆函数与模函数——从一道美国加州大学洛杉矶分校(UCLA)博士资格考题谈起	2012-10	38.00	219
差分方程的拉格朗日方法——从一道2011年全国高考理科试题的解法谈起	2012-08	28.00	200

哈尔滨工业大学出版社刘培杰数学工作室已出版(即将出版)图书目录

书　　名	出版时间	定　价	编号
力学在几何中的一些应用	2013－01	38.00	240
高斯散度定理、斯托克斯定理和平面格林定理——从一道国际大学生数学竞赛试题谈起	即将出版		
康托洛维奇不等式——从一道全国高中联赛试题谈起	即将出版		
西格尔引理——从一道第18届IMO试题的解法谈起	即将出版		
罗斯定理——从一道前苏联数学竞赛试题谈起	即将出版		
拉克斯定理和阿廷定理——从一道IMO试题的解法谈起	2014－01	58.00	246
毕卡大定理——从一道美国大学数学竞赛试题谈起	即将出版		
贝齐尔曲线——从一道全国高中联赛试题谈起	即将出版		
拉格朗日乘子定理——从一道2005年全国高中联赛试题谈起	即将出版		
雅可比定理——从一道日本数学奥林匹克试题谈起	2013－04	48.00	249
李天岩－约克定理——从一道波兰数学竞赛试题谈起	即将出版		
整系数多项式因式分解的一般方法——从克朗耐克算法谈起	即将出版		
布劳维不动点定理——从一道前苏联数学奥林匹克试题谈起	2014－01	38.00	273
压缩不动点定理——从一道高考数学试题的解法谈起	即将出版		
伯恩赛德定理——从一道英国数学奥林匹克试题谈起	即将出版		
布查特－莫斯特定理——从一道上海市初中竞赛试题谈起	即将出版		
数论中的同余数问题——从一道普特南竞赛试题谈起	即将出版		
范·德蒙行列式——从一道美国数学奥林匹克试题谈起	即将出版		
中国剩余定理——从一道美国数学奥林匹克试题的解法谈起	即将出版		
牛顿程序与方程求根——从一道全国高考试题解法谈起	即将出版		
库默尔定理——从一道IMO预选试题谈起	即将出版		
卢丁定理——从一道冬令营试题的解法谈起	即将出版		
沃斯滕霍姆定理——从一道IMO预选试题谈起	即将出版		
卡尔松不等式——从一道莫斯科数学奥林匹克试题谈起	即将出版		
信息论中的香农熵——从一道近年高考压轴题谈起	即将出版		
约当不等式——从一道希望杯竞赛试题谈起	即将出版		
拉比诺维奇定理	即将出版		
刘维尔定理——从一道《美国数学月刊》征解问题的解法谈起	即将出版		
卡塔兰恒等式与级数求和——从一道IMO试题的解法谈起	即将出版		
勒让德猜想与素数分布——从一道爱尔兰竞赛试题谈起	即将出版		
天平称重与信息论——从一道基辅市数学奥林匹克试题谈起	即将出版		

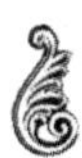

哈尔滨工业大学出版社刘培杰数学工作室已出版(即将出版)图书目录

书　　名	出版时间	定　价	编号
艾思特曼定理——从一道 CMO 试题的解法谈起	即将出版		
一个爱尔特希问题——从一道西德数学奥林匹克试题谈起	即将出版		
有限群中的爱丁格尔问题——从一道北京市初中二年级数学竞赛试题谈起	即将出版		
贝克码与编码理论——从一道全国高中联赛试题谈起	即将出版		
帕斯卡三角形——从一道莫斯科数学奥林匹克试题谈起	2014－01		294
蒲丰投针问题——从 2009 年清华大学的一道自主招生试题谈起	2014－01	38.00	295
斯图姆定理——从一道“华约”自主招生试题的解法谈起	2014－01		296
许瓦兹引理——从一道加利福尼亚大学伯克利分校数学系博士生试题谈起	2014－01		297
拉格朗日中值定理——从一道北京高考试题的解法谈起	2014－01		298
拉姆塞定理——从王诗宬院士的一个问题谈起	2014－01		299

书　　名	出版时间	定　价	编号
中等数学英语阅读文选	2006－12	38.00	13
统计学专业英语	2007－03	28.00	16
统计学专业英语(第二版)	2012－07	48.00	176
幻方和魔方(第一卷)	2012－05	68.00	173
尘封的经典——初等数学经典文献选读(第一卷)	2012－07	48.00	205
尘封的经典——初等数学经典文献选读(第二卷)	2012－07	38.00	206

书　　名	出版时间	定　价	编号
实变函数论	2012－06	78.00	181
非光滑优化及其变分分析	2014－01	48.00	230
疏散的马尔科夫链	2014－01	58.00	266
初等微分拓扑学	2012－07	18.00	182
方程式论	2011－03	38.00	105
初级方程式论	2011－03	28.00	106
Galois 理论	2011－03	18.00	107
古典数学难题与伽罗瓦理论	2012－11	58.00	223
伽罗华与群论	2014－01		290
代数方程的根式解及伽罗瓦理论	2011－03	28.00	108
线性偏微分方程讲义	2011－03	18.00	110
N 体问题的周期解	2011－03	28.00	111
代数方程式论	2011－05	28.00	121
动力系统的不变量与函数方程	2011－07	48.00	137
基于短语评价的翻译知识获取	2012－02	48.00	168
应用随机过程	2012－04	48.00	187
矩阵论(上)	2013－06	58.00	250
矩阵论(下)	2013－06	48.00	251
抽象代数:方法导引	2013－06	38.00	257

哈尔滨工业大学出版社刘培杰数学工作室已出版(即将出版)图书目录

书　　名	出版时间	定　价	编号
闵嗣鹤文集	2011－03	98.00	102
吴从炘数学活动三十年(1951～1980)	2010－07	99.00	32
吴振奎高等数学解题真经(概率统计卷)	2012－01	38.00	149
吴振奎高等数学解题真经(微积分卷)	2012－01	68.00	150
吴振奎高等数学解题真经(线性代数卷)	2012－01	58.00	151
高等数学解题全攻略(上卷)	2013－06	58.00	252
高等数学解题全攻略(下卷)	2013－06	58.00	253
高等数学复习纲要	2014－01	18.00	384
钱昌本教你快乐学数学(上)	2011－12	48.00	155
钱昌本教你快乐学数学(下)	2012－03	58.00	171
数贝偶拾——高考数学题研究	2014－01	28.00	274
数贝偶拾——初等数学研究	2014－01	38.00	275
数贝偶拾——奥数题研究	2014－01	48.00	276
集合、函数与方程	2014－01	28.00	300
数列与不等式	2014－01	38.00	301
三角与平面向量	2014－01	28.00	302
平面解析几何	2014－01	38.00	303
立体几何与组合	2014－01	28.00	304
极限与导数、数学归纳法	2014－01	38.00	305
趣味数学	即将出版		306
教材教法	即将出版		307
自主招生	即将出版		308
高考压轴题(上)	即将出版		309
高考压轴题(下)	即将出版		310
从费马到怀尔斯——费马大定理的历史	2013－10	198.00	Ⅰ
从庞加莱到佩雷尔曼——庞加莱猜想的历史	2013－10	298.00	Ⅱ
从切比雪夫到爱尔特希——素数定理的历史	2013－10	48.00	Ⅲ
从高斯到盖尔方特——虚二次域的高斯猜想	2013－10	198.00	Ⅳ
从库默尔到朗兰兹——朗兰兹猜想的历史	2014－01	98.00	Ⅴ
从比勃巴赫到德布朗斯——比勃巴赫猜想的历史	2014－02		Ⅵ
从麦比乌斯到陈省身——麦比乌斯变换与麦比乌斯带	2014－02		Ⅶ
从布尔到豪斯道夫——布尔方程与格论漫谈	2013－10	98.00	Ⅷ
从开普勒到阿诺德——三体问题的历史	2014－05		Ⅸ
从华林到华罗庚——华林问题的历史	2013－10	298.00	Ⅹ

哈尔滨工业大学出版社刘培杰数学工作室已出版(即将出版)图书目录

书　　名	出版时间	定　价	编号
三角函数	2014—01	38.00	311
不等式	2014—01	28.00	312
方程	2014—01	28.00	313
数列	2014—01	38.00	314
排列和组合	2014—01	18	315
极限与导数	2014—01	18	316
向量	2014—01	18	317
复数及其应用	2014—01	28	318
函数	2014—01	38	319
集合	即将出版		320
直线与平面	2014—01	28.00	321
立体几何	2014—01	28.00	322
解三角形	即将出版		323
直线与圆	2014—01	28	324
圆锥曲线	2014—01	38	325
解题通法(一)	2014—01	38	326
解题通法(二)	2014—01	38	327
解题通法(三)	2014—01	38	328
概率与统计	2014—01	18	329
信息迁移与算法	即将出版		330

联系地址:哈尔滨市南岗区复华四道街 10 号　**哈尔滨工业大学出版社刘培杰数学工作室**

网　　址:http://lpj.hit.edu.cn/

邮　　编:150006

联系电话:0451—86281378　　13904613167

E-mail:lpj1378@163.com